エコロジー講座 5

生物のつながりを見つめよう

―地球の豊かさを考える生態学―

日本生態学会 編　　陀安一郎 責任編集

文一総合出版

目次

6　「変身」するオタマジャクシ　　岸田　治

18　花暦の微妙が織りなす生きものの世界　　工藤　岳

30　植物と昆虫の共生の歴史を解き明かす　　川北　篤

44 琵琶湖がつなぐ人の暮らしと生きものたち　奥田 昇

56 「生態系サービス」真の価値を考える　椿 宜高

42 コラム●「進化」と「変身」　岸田 治

参考になる本・引用文献…68　日本生態学会とは？…70

扉写真／高橋啓一、目次写真／奥田昇

はじめに

京都大学生態学研究センター准教授　陀安 一郎

2010年10月に日本で開かれた生物多様性条約第10回締約国会議（COP10）以降、生物多様性という言葉を耳にする機会が増えてきました。生物多様性のあり方を理解し、多様な生きものをどのように保全していけばいいのかを考えるためには、まずその生きものたちがどのように生きているのかを知る必要があります。生きものどうしの関係（生物間相互作用）は、それぞれの生きもののたどってきた長い進化の歴史を反映しています。しかし、それは固定されたものではありません。生態系の中で生きものどうしの関係は複雑に絡み合っていて、かつ変化し続けるので、非常に複雑です。人類が目先の利益のために、ある生きものを「害を及ぼす生きもの」として駆除したために、多くの損失を受けた例も歴史上に数多くみられます。現在、人類が引き起こしつつある地球規模での環境の改変によっても、個々の生きものたちは影響を受け、お互いの関係は変化しています。

本書では、具体的に生きものどうしの関係がどのようなものであるか、まったく違った側面から5つの話題を紹介します。第1章では、「表現型可塑性」という聞き慣れないキーワードを通して、身近な生きものの不思議な関係を明らかにします。第2章では、「花の咲く時期」というものが、花粉を媒介する生物（送粉者）との関係を通してまわりのたくさんの植物と関係していることを明らかにします。このことは、地球温暖化が進行すると、それぞれの植物が温度の変化の影響を受けるのみならず、送粉者を通してもその影響を受ける可能性があることを示唆します。第3章では、植物と昆虫の関係を「共生の進化」という形

本学術研究助成基金助成金（基盤研究（B））採択課題「最大級巨大津波が襲来した千葉県匝瑳市から旭市にかけての津波堆積物調査」（課題番号23H00192）は、2012年に採択された「日本列島の地震・火山現象に関する全国的調査観測計画の推進について（建議）」の研究課題の一つとして採択された。

　この研究では、過去の巨大津波の痕跡を地層中に残されている津波堆積物から読み解き、その発生時期や規模、再来間隔などを明らかにすることを目的としている。特に、房総半島東岸の九十九里浜沿岸地域は、歴史記録に残されていない過去の巨大津波の痕跡が存在する可能性があり、この地域における津波堆積物の分布や特徴を明らかにすることは、将来の巨大津波の発生予測や防災対策にとって重要な課題である。

　本報告書では、2023年度に実施した調査の成果をまとめるとともに、今後の研究の展望について述べる。また、本研究の遂行にあたり、多くの方々のご協力を賜りました。ここに記して感謝申し上げます。

「変身」するオタマジャクシ

生物は、周囲の環境にあわせて、生存や繁殖に有利な生活様式や行動をとることがあります。最近、外敵やえさの条件に応じて姿かたちさえ変える、驚くべき変身術をもった生きものが多数いることがわかってきました。環境に対応して生活や姿を変える、この「表現型可塑性」という性質には、環境そのものを変化させ、環境の多様性を生む可能性があります。身近に見られる生きものの変身術を紹介しながら、その重要性を考えます。

「変身」する生きもの

1992年、「サイエンス」という学術雑誌に、カワカマスとヨーロッパフナを一緒の池に入れておくと、フナは背中の肉を急激に増やして背を高くするという研究成果が掲載されました。ヨーロッパフナは背を高くすることで外敵のカワカマスに丸呑みされるのを防ぐことができるというのです。それまで外敵の存在に応じて形を変える生きものは甲殻類やコケムシなどの無脊椎動物でいくつか見つかっていましたが、脊椎動物でさえ変身をすることに世界中の研究者たちは驚きました。そもそも、背の高いフナと普通のフナは別々の種として扱われてきたほど、形がちがっていたのです。この発見は分類学者にとってもショッキングな出来事だったにちがいありません。これ以来、環境に対する生物個体の応答性について調べる研究が急速に増えていきました。

表現型可塑性

生物個体の形や行動、生活の仕方が、すむ場所の環境の条件に応じ

著者紹介

岸田 治
（北海道大学北方生物圏フィールド科学センター）
生物個体の環境応答性に関心がある。両生類を対象とした実験研究により、生物間相互作用に応じた動物の行動や形態、生活史の戦略について調べ、これらの生態学的機能を探っている。

クロマツ（天然）　　クロマツ（盆栽）

■「変身」するオタマジャクシ

サンショウウオ幼生（左）とオタマジャクシ（右）

ライチョウ（冬毛）　　ライチョウ（夏毛）

オコジョ（冬毛）　　オコジョ（夏毛）

て変わることを、専門用語で「表現型変化」と呼びます。表現型は「特徴や性質」を、可塑性は「変化」を意味します。

表現型可塑性は、あらゆる生きものに見られます。たとえば、日陰にある植物はより多くの光を求めてすばやく伸びるため、茎がひょろ長く育ちます。オコジョやユキウサギなどの毛替わりも表現型可塑性です。かれらの、夏は野山で目立ちにくい茶色の毛は、冬には白銀の世界で目立たぬよう白くなります。

私たちが生物の表現型可塑性を利用することもあります。日本人の粋な趣味として知られる盆栽がその例です。野外では大きくなるマツも、小さな鉢植えに植えてしまえば大き

側の生きものがあらわれると「食われる」側の生きものが形を変えて身を守るという例は、特に研究者を魅了してきました。

変身の善し悪し

変身によって身を守ることは、外敵がいる環境では高い効果を発揮します。しかし、変身したりその状態を維持するのには、高い対価を支払わなければなりません。たとえばフナが身を守るために背中の肉を増やせば、その分、成長に振り向ける栄養分が制限されてしまいます。また、形が変わることで、泳ぐときに水の抵抗が増し、余分なエネルギーを使わなければならなくなるでしょう。

きびしい自然界のなかで生きるとはいえ、生物はいつも危険にさらされているわけではありません。外敵は、ある場所にはいても、別の場所にはいないというのが普通です。また、その数や大きさも変化するため、危険の大きさもさまざまです。ですから、生き残るうえで最もすぐれているのは、「対価のかかる変身は本当に必要な時だけしかしない」ことです。

くはなりません。生育環境を操作して成長を抑制することで、目の前で美しい造形を楽しむことができるというわけです。

このように表現型可塑性はさまざまな形で見られますが、はじめに紹介したフナの変身のように、「食う」

エゾアカガエル

サンショウウオとカエルの卵

ここ20年程の間に、外敵がいるときだけ防御をする生きものが次々と見つかっています。ミジンコの一種は魚がいる状況でトゲを伸ばします。タマキビガイはカニの排泄物に含まれる化学物質を頼りに殻の厚さや形を変え、殻を割られるのを防ぎます。さらにフナのほかにも、脊椎動物で形を変えるものが見つかりました。それはこの章の主役、私が研

エゾサンショウウオ

■「変身」するオタマジャクシ

図1. エゾサンショウウオの幼生
左：単独で育ったサンショウウオ幼生
右：オタマジャクシがたくさんいる環境で育ったサンショウウオ幼生

エゾサンショウウオと エゾアカガエルの オタマジャクシの変身術

エゾサンショウウオとエゾアカガエルは、その名のとおり、北海道を代表する両生類です。かれらは、雪融けの春に親が池や水たまりに集まって産卵をし、孵化した幼生（オタマジャクシ）が水中で成長したのち、変態して陸上へと生活の場を移す、いたって普通の生活様式をもつ両生類です。そんなかれらが表現型可塑性の使い手としてずば抜けた能力のもちぬしであることが、最近の研究からわかってきました。

変身する幼生

図1には飼育下で成長した2匹のエゾサンショウウオ幼生（以下、サンショウウオ幼生と呼びます）が並んでいます。左に比べて右の個体のあごは大きく広がっているのがわかります。実は2匹は育った環境がちがいます。左は単独で育ちましたが、右はエゾアカガエルのオタマジャクシ（以下オタマジャクシと呼びます）がいる状況で育っています。

サンショウウオ幼生は口に入る動物なら何でも丸呑みにするどう猛な肉食動物です。特にオタマジャクシが大好物ですが、ミジンコやイトミミズなどに比べてオタマジャクシはサイズが大きく簡単には丸呑みできるえさではありません。そこでサンショウウオ幼生は、オタマ

オタマジャクシを丸呑みにする

図2. オタマジャクシ変身前・変身後
奥：サンショウウオ幼生がいる環境で育った個体
手前：オタマジャクシしかいない環境で育った個体

図3. 危機の大きさに合わせたオタマジャクシの変身
大あごサンショウウオ幼生がいる環境で育ったオタマジャクシ（●）と、普通のサンショウウオ幼生がいる環境で育ったオタマジャクシ（○）の形を比較する。同じくらいの頭胴長（体サイズ）をもつ個体であっても、大あご型のいる環境で育ったオタマジャクシのほうが概して頭胴部が高いことがわかる。これは、大あごサンショウウオ幼生がいるとオタマジャクシがよく膨らむことを表している。
(kishida et al., 2006 を改訂)

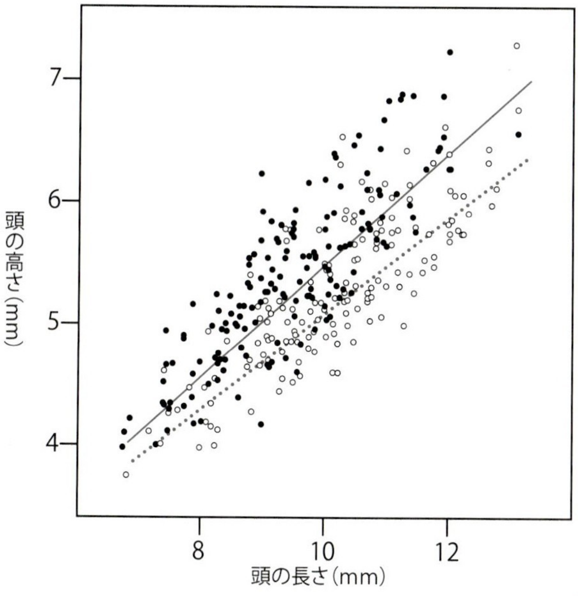

張り合うオタマジャクシ

 オタマジャクシだって負けてはいません。彼らは彼らで変身することで、サンショウウオ幼生の脅威に対抗します。図2は、変身前と変身後のオタマジャクシです。奥の個体、つまり変身後のオタマジャクシは、サンショウウオ幼生のいる環境で育った個体です。明らかに頭が大きくなっています。彼らは頭の部分の皮下組織を分厚くすることで大きくふくらんでいます。頭が大きいと、当然サンショウウオ幼生は丸呑みしにくくなります。まさに「対抗戦略」と呼ぶべき変身です。
 面白いことに、変身後の頭の大きさは、相手がどれほど危険かによって変わります。普通の形のサンショウウオ幼生がいる場合よりも、危険な大あご型のサンショウウオ幼生がいる状況で育つと大あご型に変身するというわけです。

「変身」するオタマジャクシ

生きものの組み合わせがつくる形の多様性

自然のなかには両生類の幼生しかいないような池がある一方で、ゲンゴロウやヤゴといった肉食の昆虫がすむ池もあります。サンショウウオ幼生とオタマジャクシは互いの存在に応じて対抗的な変身をしますが、他の種に対してはまた別の姿に変わります。

尾びれも変身！

オオルリボシヤンマのヤゴ（以下、ヤゴと呼びます）は、池の食物連鎖の頂点に君臨する大型の水生昆虫です。ヤゴはえさになりそうな動物がいるとすかさず忍び寄り、強力な下あごを伸ばしてみつき、むしゃむしゃ食ってしまいます。

このヤゴといっしょにオタマジャクシとサンショウウオ幼生を飼ってみました。すると、オタマジャクシは図4のような、サンショウウオ幼生は図5のような、変身をすることがわかりました。

図4から、スリムな姿をした普通のオタマジャクシに比べて、サンショウウオ幼生と一緒にいたオタマジャクシは頭が大きく膨れ、尾びれも広がっているのがわかります。一方、ヤゴがいる環境で育ったオタマジャクシは、頭の大きさは普通のオタマジャクシとほとんど変わらず、尾びれだけ大きくなっています。外敵がいるときにこのように尾びれが長く大きくなる例は、実はたくさんの種類の両生類の幼生で報告されています。これには、泳ぐ力が増して外敵に襲われにくくなる、外敵の攻撃が尾びれに集中することで頭部への致命的なダメージを避けられる、といった効果があると言われています。実際に、大きな尾びれを持つエゾアカガエルのオタマジャクシはヤゴに食われにくいことが実験で確かめられています。

図4. オタマジャクシの変身
上：オタマジャクシしかいない環境で育った個体
中：サンショウウオ幼生がいる環境で育った個体
下：ヤゴがいる環境で育った個体

サンショウウオ幼生を食べるヤゴ

オオルリボシヤンマ

図5. サンショウウオ幼生の変身

ヤゴがいる水槽で育てた（左）

ヤゴがいない水槽で育てた（右）

サンショウウオの変身

次にエゾサンショウウオ幼生の変身を見ることにしましょう。図5のように、ヤゴがいる水槽（左）といない水槽（右）で2週間ほど育てたサンショウウオ幼生を並べました。オタマジャクシと同じように、サンショウウオ幼生もまたヤゴがいると尾びれの大きな形になっていることがわかると思います。しかし、もっと特徴的なのは、大きな"えら"です。サンショウウオ幼生はヤゴのいる環境で育つとえらが長く伸びるのです（左）。なぜえらを伸ばすのでしょうか？ 大きなえらがヤゴに対する防御としてはたらくとは思えません。何か別の役割がありそうです。

肺呼吸は危険

サンショウウオ幼生は、ふだんは池の中層に浮かんでいるか、底のあたりでじっとしてえら呼吸をしています。しかし、ときどき水面に上昇し、口から空気を吸い込んでまた下に戻っていくことがあります。サンショウウオ幼生は、えらだけでなく肺ももっていて、えら呼吸も肺呼吸もするのです。

ところが、肺呼吸はヤゴが近くにいる場合には命取りになりかねない危険な行為です。動くとヤゴに襲われるからです。たいへんおもしろいことに、ヤゴの匂いがするとサンショウウオ幼生は肺呼吸をほとんどしなくなります。肺呼吸をやめれば食われる確率が減るでしょうが、酸素は十分に取り入れることができなくなります。ですから、サンショウウオ幼生はヤゴがいる場合に、えらを発達させることで水中の酸素を効率よく取り込んでいるのではないかと考えられるのです。

外敵に合わせて変身する

外敵となる相手がちがえば変身の仕方もちがう。これだけでもサンショウウオ幼生とオタマジャクシはすごいのですが、さらに驚かされるのは臨機応変な柔軟性です。たとえば、サンショウウオ幼生に対して頭をふくらませたり、ヤゴに対して尾びれを大きくしたオタマジャクシは、外敵がいなくなればすぐに普通の形に戻ります。また、外敵が入れ替われば、新しく登場した敵に合った姿に変身します。

複数の外敵がいたら？

では、対応しなければならない種が複数、同時にいたらどうなるでしょうか？ この疑問に答えるために、私は、ヤゴ、サンショウウオ幼生、オタマジャクシの3種が勢ぞろいした場合の、サンショウウオ幼生とオタマジャクシの変身について調べました。

実験の結果、オタマジャクシを食うためのサンショウウオ幼生の大あご化と、サンショウウオ幼生に食われないためのオタマジャクシの頭の大型化が、ヤゴがいる状況では中途半端にしか起こらないことがわかりました。

大あご化や大型化は、サンショウウオ幼生とオタマジャクシの食う―食われる関係においては実に効果的ですが、かみつき攻撃をかけてくるヤゴに対しては、あまり役に立ちません。むしろ、極端な体形のせいで泳ぎが遅くなる分、ヤゴに襲われやすくなってしまいます。サンショウウオ幼生とオタマジャクシの中途半端な変身は、防衛上の相反する必要性に対応する、バランスのとれたうまいやり方なのかもしれません。

■「変身」するオタマジャクシ

野外に人工の池をつくり、囲い網で区分けして実験をする。できるだけ自然に近い状況で実験することにより、生きものたちの本来の姿が見えてくる

生物の組み合わせで姿が変わる

オタマジャクシとサンショウウオ幼生、そしてヤゴの関係から、かれらの個体の形は、近くにいるほかの種類との組み合わせによって決まることがわかります。生物どうしの関係が、表現型可塑性という生物個体自身がもつ能力を介して、形の多様性を生み出しているのです。

変身によって変化する生物どうしの関係

ある生物の個体が、相手の生物の特徴に合わせて変化しそれに対応するということは、表現型可塑性が相手の種に対しても何らかの影響をもたらしていると考えられます。オタマジャクシがサンショウウオ幼生のあごに収まりきらない大きさまで膨れてしまえば、丸呑みされることはありません。するとサンショウウオ幼生は、オタマジャクシ以外のえさを食べるようになるのではないでしょうか。だとしたら、オタマジャクシの形が変わることが、サンショウウオ幼生のえさとなるほかの生きものにも影響を与えることになります

す。野外の池で実験をしてみました。

野外の池で実験

頭がふくらんだオタマジャクシがいると、いない場合に比べ、サンショウウオ幼生の生存率が下がることがわかりました。これは、サンショウウオ幼生どうしの共食いが増えたことを意味します（図6）。また別の実験から、ふくらんだオタマジャクシがいると、サンショウウオ幼生はミズムシという水底にいる動物をよく食べることもわかりました。

これらの実験結果は、食われる側の生きものの変身が、食う側の生きものの生活の仕方にも影響します。防御したオタマジャクシと一緒にいるサンショウウオ幼生は、十分な栄養をとることができず成長が遅れ、幼生として水中で暮らす期間が延びてしまうのです。

このような影響は、食物連鎖を介して別の種や資源にまで波及する可能性もあります。たとえば、オタマジャクシが防御してたくさん生き残ると、餌となる落葉の分解が早まります。またサンショウウオ幼生の水中生活が長くなればプランクトンや小さな水生昆虫が食われていなくなるのです。

1種の生きものの変化が生態系を変える？

ここでは形の変化にスポットをあててきましたが、生きものが環境条件に合わせて変えるのは形だけではありません。行動や生活の仕方、生理的な性質など、あらゆる特徴で変化があります。これらすべてが表現型可塑性です。表現型可塑性はごくありふれた性質ですが、生物と生物の関係を変える力としてはたらくことで、ある環境のなかで生きる生物の組み合わせや個体数の変化、生態系のなかの物質の流れといった大きなスケールの現象にまでかかわる可能性があるのです。

自然観察から環境問題へ

生態学は生きものと環境の関係を理解するための科学です。生態学の研究は多岐にわたっています。生きもののくらしについての知識を増やすことや、個体数の変化や種の集まり（群集）に規則性を見出すことを目的とした基礎的な研究もあれば、人間活動が生物に及ぼす影響を調べたり、希少種の保全や外来種への対策を講じることを目標にした応用的なものまで、さまざまです。

ここで紹介した表現型可塑性の研究は、生きものの性質や生きざまについて、観察や実験を通じて確かめた、基礎的な研究といえます。このような基礎的な研究は、生物保全のような応用的な分野でも重要になってきます。

生態的特徴と保護

ある地域の集団が、別の地域の集団とは違う生態的特徴（形や色、行

■ 「変身」するオタマジャクシ

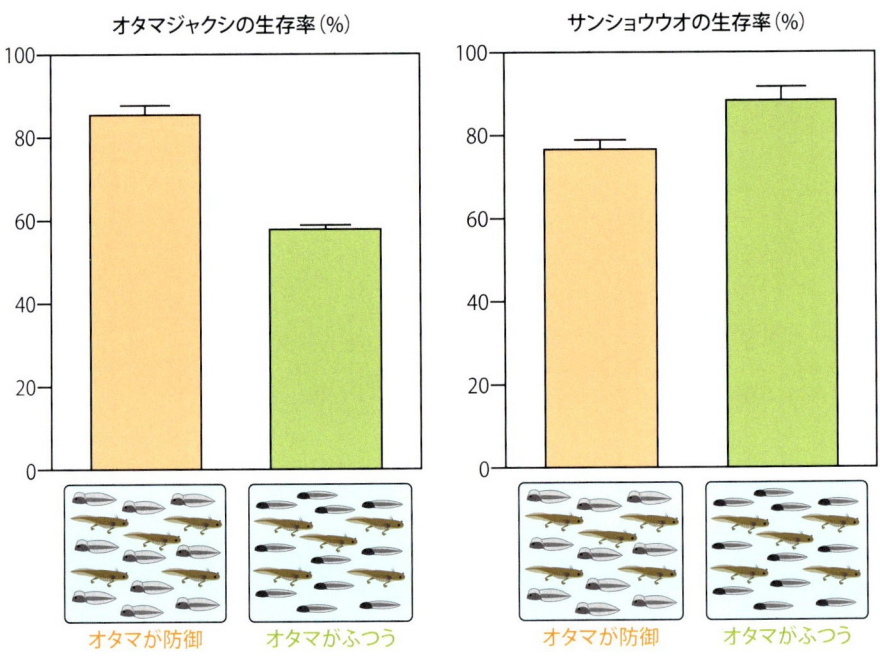

図6. オタマジャクシの防御が個体数に与える影響
オタマジャクシの頭が膨らんでいる状態と膨らんでいない（ふつうの）状態で、3日後のオタマジャクシとサンショウウオ幼生の生存率を調べた。ふつうの状態に比べて、頭が膨らんでいるときでは、オタマジャクシの生存率が高く、サンショウウオの生存率が低くなっている。オタマジャクシが防御するとサンショウウオ幼生がオタマジャクシを食えなくなり、頻繁に共食いをするようになったためこのような結果となったと考えられる。（Kishida et al., 2009 より改訂）

共喰いするサンショウウオ

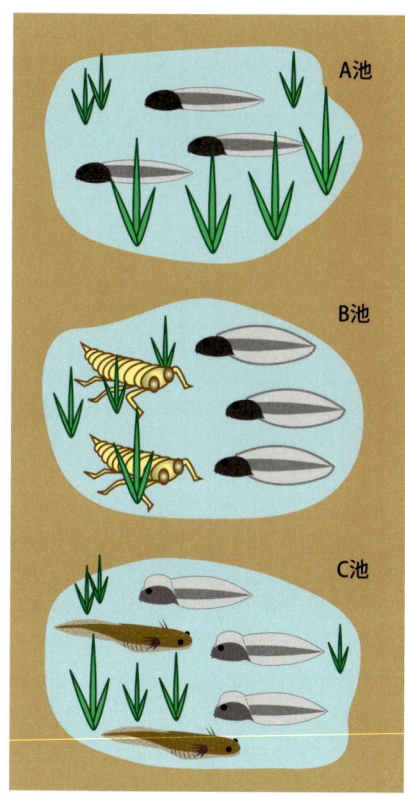
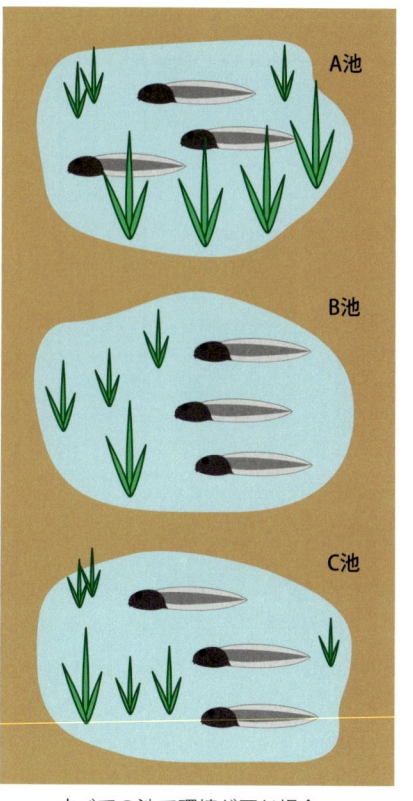

図7. 表現型可塑性がうみだす地域集団の違い
A・B・Cの池において、すべての池で環境が同じ場合はオタマジャクシの形は同じだが、環境が異なると池によって形が異なることになる。AのオタマジャクシにBやCのヤゴやサンショウウオのいる環境を経験させると変身をとげることになる。

池によって環境が違う場合　　　すべての池で環境が同じ場合

池ごとに違うのは、オタマジャクシの遺伝的な違いを反映しているのではなく、あくまで「生息環境に外敵がいるかいないか」によりそうです（図7）。

ですから、形や色模様、生活の仕方といった生態的特徴に基づいて地域集団の生態的特徴が本当にその集団だけに固有の遺伝的な性質にもとづいているのか、それとも、環境の違いに個体が応答した結果にすぎないのかについても十分な検討がなされるべきです。

おわりに

表現型可塑性はあらゆる生きものがさまざまな特徴で示す性質ですが、生態学ではこれまで、この普遍的な性質をあまり考慮してきませんでした。たとえば、生物の個体数の変化や種の組み合わせに関心のある個体群生態学や群集生態学では「生物は種によって特徴が違う」ことは当然のこととしますが、「同種内の個体の違い」や「環境に応じた個体の変化」はとるに足らないものとして、研究の対象にはしてきませんでした。しかし、オタマジャクシの変

動など）を備えていることがわかったとき、即座にその集団の保護が訴えられることがあります。発見された生態的特徴がその集団に遺伝的に固有のものであれば、その集団を保護しようとする主義主張は理解できます。ましてや、もしその集団の個体数が非常に少なく、絶滅に瀕しているような局面を迎えているのであれば、保護する理由はより明確になるでしょう。

しかし、「生態的特徴の違い」を「遺伝的な違い」として、単純に解釈するわけにはいきません。たしかに生態的特徴の違いが遺伝的な違いを反映している例は少なくありませんが、本稿で紹介したように、生物が環境条件に応じて姿かたちを変えるのであれば、環境が違う地域間で異なる特徴が観察されるのはごく当たり前のことだからです。

エゾアカガエルのオタマジャクシの変身を例に考えてみましょう。エゾサンショウウオ幼生やヤゴのいない池ではオタマジャクシは普通の形をしたオタマジャクシが観察されるはずですが、サンショウウオ幼生やヤゴのいる池では変身したオタマジャクシが観察されるでしょう。オタマジャクシの形が

■「変身」するオタマジャクシ

エゾサンショウウオの幼生とエゾアカガエルのオタマジャクシがすむ北海道北部の池

身がサンショウウオ幼生やミズムシの数、落葉の量にまで影響するように、表現型可塑性は、生物の個体数や種数の変化、生きものどうしの関係などを正確に予測するうえで無視できない性質だと思います。

いわゆる環境問題についても同じようなことがいえるかもしれません。地球温暖化によって生きものが現在よりも北方や高地に分布を広げたり、ひどいものでは絶滅するのを待つしかない、というような悲しい予測が、メディアを通してしばしば報道されます。しかし、生きものたちが行動や生活の仕方、姿かたちを変えることで、温暖化しても問題なく暮らせるのだとしたら、このような心配はただの杞憂で終わってしまうかもしれません。逆に、環境変化に可塑的に対応した結果、新たな相互作用が生まれ、生きものどうしの関係が大きく変わるようなことがあったり、温暖化の結果、変化した相互作用に対して生きものが応答するようなことがあれば、私たちがまったく想像していないような悲惨な結末をも迎えてしまう恐れもあるのです。ですから、「生きものが環境の変化に対して応答することがある」ということと、「生きものはいろいろな生きものたちと関係しながら生活する」ということの2つの事実をふまえて、環境問題の本質を見抜き、対策を練る必要があると、私は考えています。■

花暦の微妙が織りなす生きものの世界

植物と，そこにやってくる昆虫や動物。取り巻く気候と差し込む光，土と水……遍く事象が響き合い，絶え間なく変動する生態系において，「花暦」は生物多様性を支える要因のひとつであり，生態系の変化の機微を伝える表情となります。花暦を読み解き，生きものたちの関係を調べることでわかってきたことを紹介します。

著者紹介

工藤 岳
（北海道大学大学院地球環境科学研究院）

植物の繁殖生態学、生物間相互作用の気候変動に対する応答、植物の季節適応などについて、高山生態系、北方林生態系でのフィールド調査を主体に研究しています。長期モニタリングを行っているホームフィールドは、大雪山の高山帯です。

生物季節

「花暦」という言葉があるように、日本人は古来より花を愛で、梅、桜、牡丹、藤、紫陽花、萩、ススキ……と、時期を違えて咲きかわる花を通して季節を表現してきました。とくに桜の開花については平安時代から記録が残されており、世界で最も長い生物季節（季解現象）の記録と言われています。現在も、毎年春が近づくと「桜前線」とか「開花予想日」という言葉が飛び交うようになります。これは、私たちの季節感が1200年前からそれほど変化していないことのあらわれかもしれません。

生態系を構成する生物は、生産者、消費者、分解者の3つに分類されます。光合成によって有機物をつくりだす植物は生産者です。その植物を食べる草食性の生物や、草食性の生物を食べる肉食性の生物が消費者に、生産者や消費者の遺体や排泄物などを分解する菌類や微生物などは消費者にあたります。こうしてみると、消費者も分解者も、生産者がつくりだした有機物を利用して生活していることがわかります。ですから、植物がどのように有機物を供給しているかは、生態系の性質に影響

の多くは、それによって花粉の受け渡しをになってくれる昆虫などの動物を引き寄せる役割を負っています。花の花粉を媒介する動物からみると、植物群落の花たちは蜜や花粉といった生きるための資源を提供してくれる「えさ場」ということになります。

花暦と生態系

もちろん植物は、私たち人間の生活を彩るために花を咲かせてくれているわけではありません。美しい花

■花暦の微妙が織りなす生きものの世界

山地林の春植物群落（札幌、定山渓　5月上旬）

低地林の春植物群落（札幌、野幌森林公園　4月中旬）

の1〜2か月だけ、「ロマス」と呼ばれるごく短期間のお花畑が現れます。

季節による気候の変化がわずかかない熱帯多雨林では、ふだんは開花の時期に規則性はあまりありません。ただし、数年間隔で100種類以上の樹木が一斉に開花し、大量の実ができる「一斉開花」という現象が起きることが知られています。これは、数年間隔で現れるエルニーニョ現象（太平洋赤道域東部の海水温が上昇する現象で、地球規模で気候に影響を与える。たとえば、日本では冷夏になる例が多い）によって引き起こされる降水量の減少や夜間の冷え込みが引き金になって起こると考えられています。一斉開花が起きると大量の花が咲き、大量の資源が供給されるため、それを利用する生物が急激に増えます。これは、かれらを食べる生物にも強く影響し、生態系全体を大きく変動させます。

花暦を比較する

四季が明瞭な日本では、多くの植物は毎年決まった時期に開花します。それでも、群落どうしを比べると、花暦はずいぶんちがいます。

を与えます。たとえば、もし、ある動物のえさになる植物が集中して生えている場所があったら、動物もその場所に集まってくるでしょう。植物の生え方は、動物の分布を決める要因になるのです。

植物が生態系に有機物という資源を供給するあり方はさまざまです。葉も花も、樹液や果実も、樹木の幹（材）も資源で、それぞれ多くの消費者や分解者に利用されます。だとしたら、花暦は花にある資源を利用する生物にとって、大きな意味がありそうです。しかも、生態系の中で花をつける植物の種類はさまざまです。たくさんの種類の植物それぞれが花を咲かせる時期や期間も、互いに影響を与えあうでしょう。花暦は、生態系の性質を左右する要素のひとつになっているのではないでしょうか。

さまざまな花暦

植物群落の花暦は、気候帯によって大きく異なります。たとえば、雨季と乾季がはっきりしている乾燥地帯では、雨季の始まりとともに休眠していた植物が一斉に開花します。南米西海岸の乾燥地域では、初夏

■花暦の微妙が織りなす生きものの世界

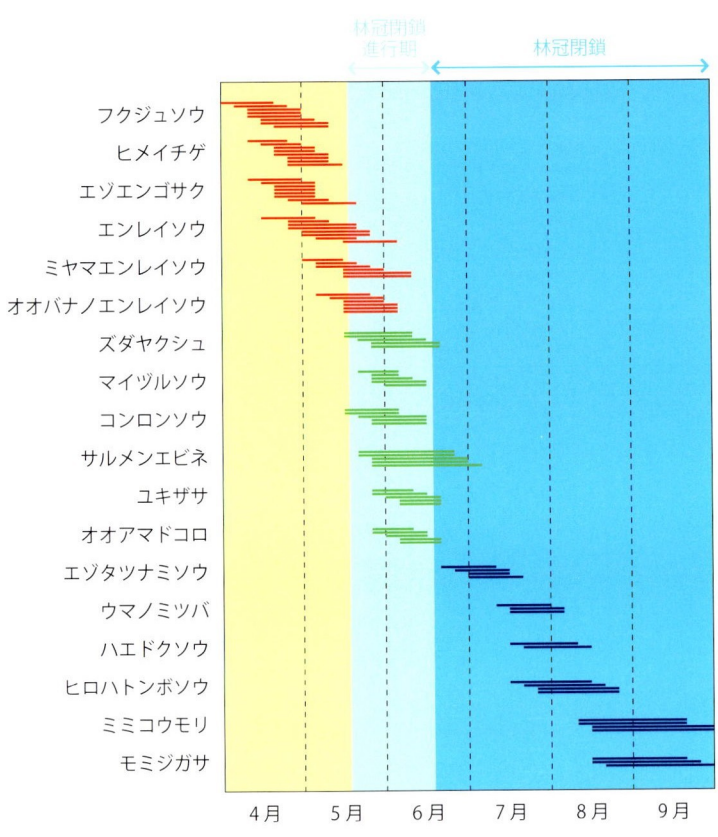

図1. 冷温帯落葉広葉樹林（苫小牧）の主な林床植物の開花期の年変動
それぞれの種について、2〜8年間の開花期間を示す。この森では上層木の開葉は5月中旬に始まり、6月下旬までに林内の光量は林外の数パーセントにまで低下する。光環境の季節変化に対応し、林床植物は春咲き（赤）、初夏咲き（緑）、夏咲き（青）の3グループに分けられる。

落葉樹林の花暦

図1は、北海道の低地の落葉広葉樹林に生える、草本植物の花暦です。開花のパターンが、春咲き、初夏咲き、夏咲き、の3つのグループに分かれることがわかります。

落葉樹林の草本植物は、樹木の足元の地表で生活しています。樹木が葉を開けば、光合成に必要な光がさえぎられ、草本植物にはほとんど届かなくなってしまいます。早春の雪解けから樹木が葉を開き始める5月中旬までは地表にも直接日光が差し込みますが、木々の開葉が始まると急速に暗くなり、地表に到達する光量は林外のわずか数パーセントになります。この状態は落葉する秋まで続きます。3つのグループは、この光の状態に対応しているのです。春咲き植物は、雪解け直後の明るい早春に花を開きます。次に、徐々に暗くなる時期に開花するのが初夏咲き植物、そして完全に暗くなってから咲き出す夏咲き植物です。

こうした花の咲き方は、それぞれの種の生活環を反映しています。春咲き植物は雪解け直後に繁殖と成長を同時に開始し、林内が暗くなる初夏には休眠に入ります。一方、夏咲き植物の多くは、明るい時期には成長し、光合成ができる体制を十分整えてから繁殖に入ります。初夏咲き植物は両者の中間です。3つのグループは、季節によって変化する光をどう利用するかの違いによりできたものだったのです。

草原の花暦

落葉樹林は、樹木の生活によって季節ごとに光環境が変化しました。では、樹木がなくて、1年中明るい環境が続く草原ではどうでしょう。北海道北部のサロベツ湿原は広大な高層湿原です。ここでは、5月中旬から9月下旬にかけていろいろな植物が次々と花を咲かせています（図2a）。各種の開花期間は比較的短いのですが、連続的に種が入れ替わり、この期間はいつもなにかの花が咲いています。群落全体として見ると、落葉樹林のようなグループに分かれることはなさそうです。植物の生活に不可欠な光も水も安定している高層湿原では、多くの植物が開花期を違えることで共存しているようです。

同じ草原でも、海浜砂丘地に広が

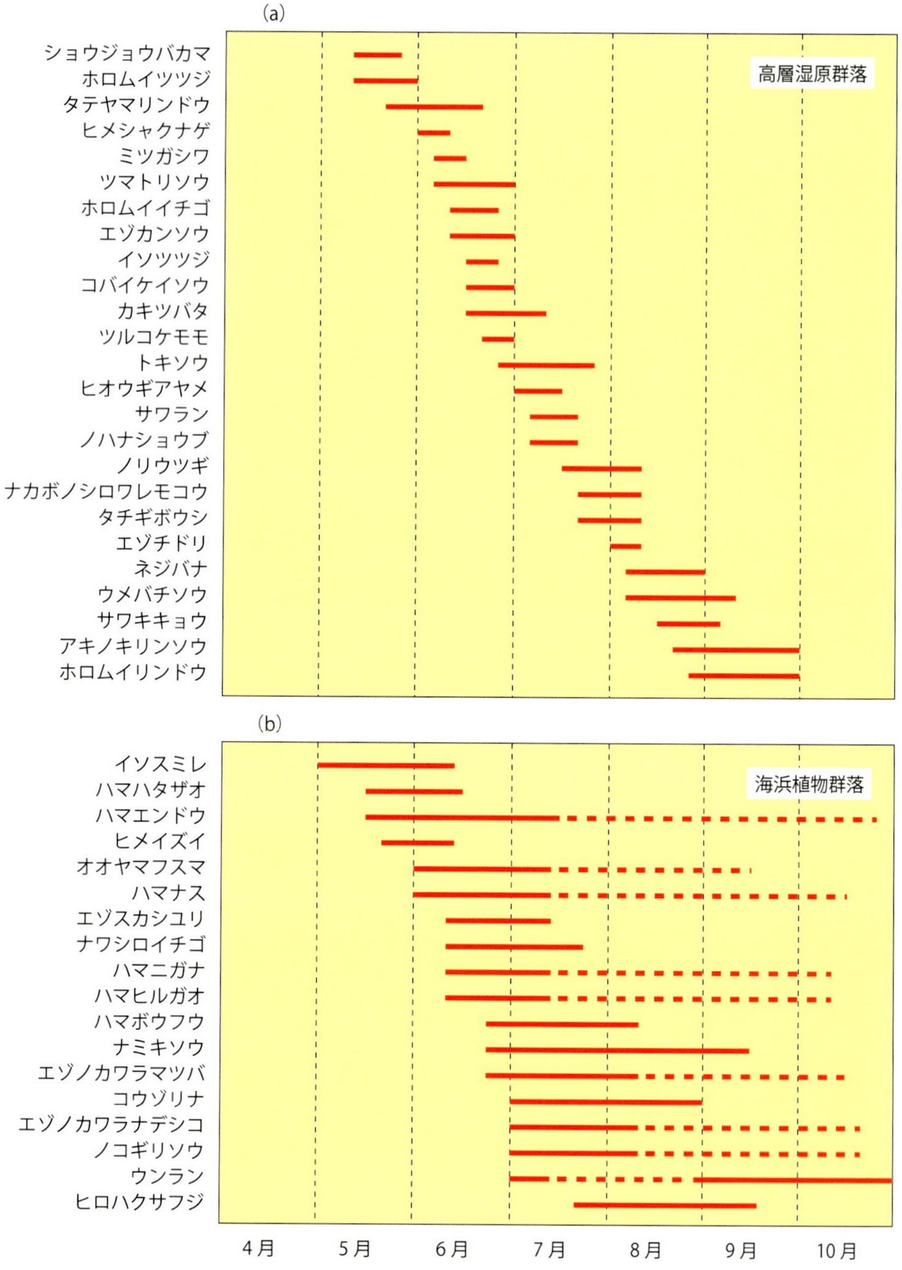

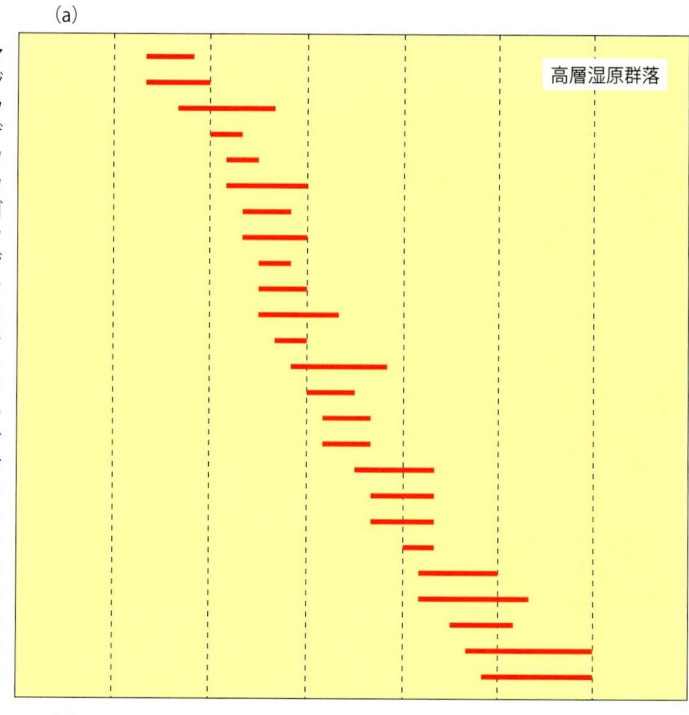

図2. サロベツ高層湿原（a）と石狩浜海浜植物群落（b）の主な植物の開花期間

実線は明らかな開花期間を、点線はぽつぽつと咲く状態が続く期間を示す。高層湿原ではそれぞれの種の開花期間が短く、種間では重なりが少ない。一方で海浜植物群落では、それぞれの種の開花期間が長く、同時期に咲く傾向が強い。

る海浜植物群落の花暦はずいぶん異なります（図2b）。イソスミレやハマハタザオなど少数の植物を除き、多くの植物が6月中旬以降に咲き始め、暑さの厳しい8月を避け、晩夏から秋にかけて長期間花を咲かせ続けていることがわかります。そのため、開花期間が重なる植物が多くなります。砂丘では絶えず海から強い風が吹きつけ、土壌も薄く不安定で、植物は強い乾燥ストレスにさらされています。さらに、生育シーズンの中期は暑さの厳しい真夏にあたり、さらに乾燥ストレスが強まります。こうした環境では、開花期間は長くなり、種間の開花時期の重複は大きくなるようです。

それでは、寒冷な高山帯ではどうでしょうか。高山では、植物の生育に適した気温は、6月から9月上旬までのわずか3か月ほどしかありません。しかも、雪解けの時期が場所によって大きく異なり、万年雪が見られる場所も珍しくありません。多くの高山植物は、雪解け後ただちに開花しはじめます。高山帯では、雪解けの時期が場所による違いを反映して、多様な植物群落が微細なモザイク状に分布しています。わずか数十メー

■花暦の微妙が織りなす生きものの世界

高層湿原に咲くエゾカンゾウ

海浜植物のハマエンドウ

海浜植物のハマヒルガオ

サロベツ高層湿原。タチギボウシが満開の状態（7月下旬）

トルの範囲で、雪解けが1か月以上異なることも珍しくありません。雪解けの早い場所では、植物の開花は6月初旬に始まり、8月半ばには終わります。雪解けの遅れとともに開花時期は遅くなり、雪渓周辺では8月後半から9月にかけて花が咲きます。豊富に積もった雪がゆっくり解けることによって地域全体の開花期間が延長され、種組成も開花時期も多様なお花畑が作られているのです（図3・4）。

多様な開花パターンがもたらす生物間相互作用

植物が花をつけるのは、花粉の受け渡しを行うためです。では、花粉の受け渡しと花暦とは、どのような関係があるでしょうか。

花を利用する生物にとって、花暦は花を利用できる期間と多様性を意味します。ひとつの群落で花を利用できる期間が短ければ、開花時期の異なる他の植物群落へ移動する必要があります。また、花を利用する生物には、多くの植物を利用できるものと、限られた花しか利用できないものがいます。限られた花しか利用できない生物にとっては、群落全体

石狩浜海浜植物群落。ハマナスの花は6月から10月まで見られる（6月下旬）

の開花期間よりも、その中にある自分が利用できる植物の開花期間が重要になります（図5）。

こうした関係の中でたくさんの種類の植物が同時に花を咲かせた場合、何が起こるでしょう。花粉を媒介する生物は無限にいるわけではないので、花どうしがかれらを奪い合うことが考えられます。また、ある花から別の種類の花に移動してしまい、花粉の受け渡しがうまく行われない可能性もあります。これらの場合は、受け渡しの効率は悪くなってしまいます。

しかし、同時に咲くことがよい効果をもたらすこともあります。たくさんの花があれば、それを利用しようとする生物をたくさん引きつけることができ、結果として群落全体で受け渡しの効率が高まるのです。この場合は、同時に咲くことが有利といえます。さらに、もし群落に集まった生物が植物を区別して使い分けてくれれば、植物どうしが生物を奪い合う競争を少なくすることができます。

競争を少なくするには、同時にではなく、時期を違えて次々と交代しながら咲く、というやり方もありま

イワウメ

タルマイソウ

ミヤマリンドウ

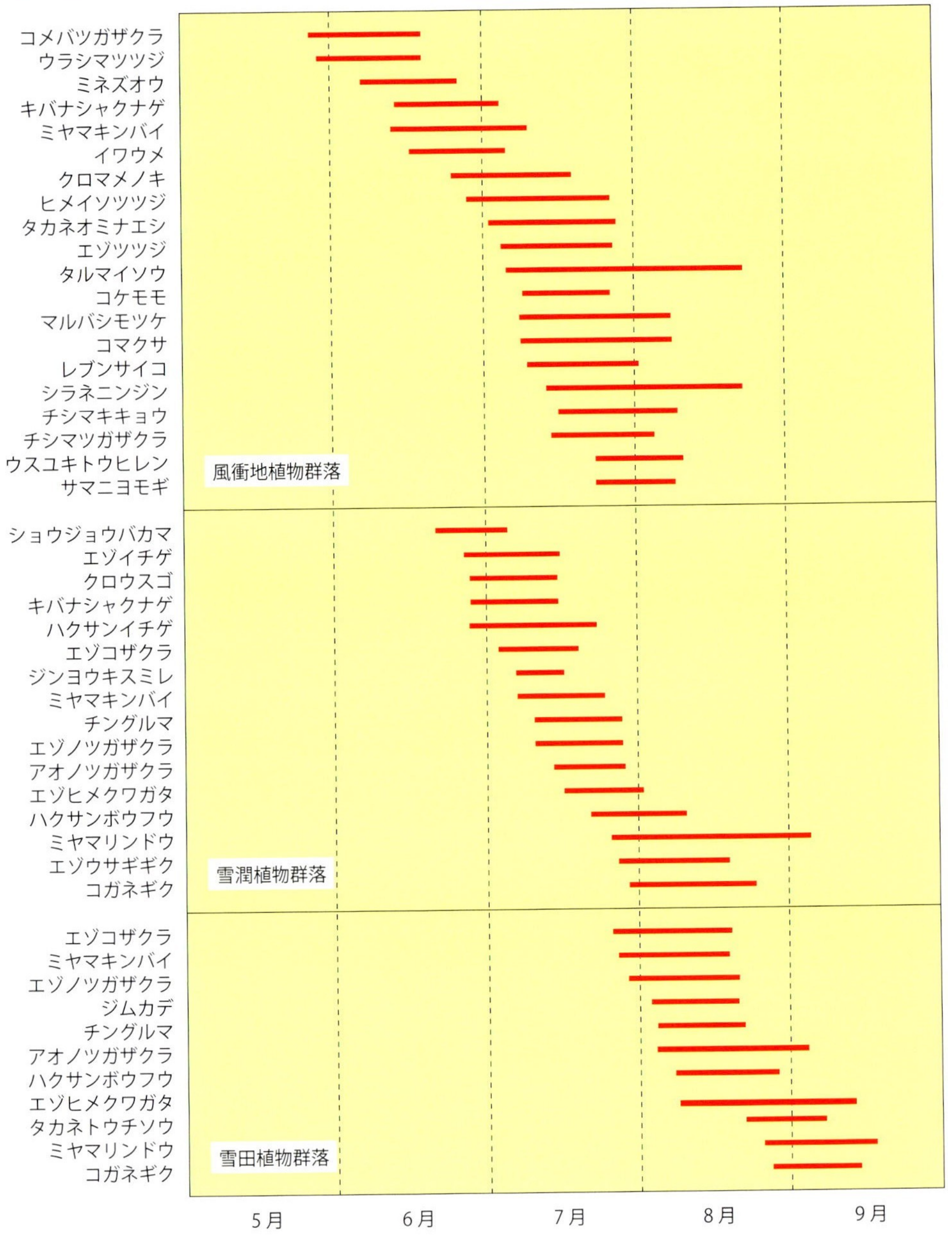

■花暦の微妙が織りなす生きものの世界

図3. 高山帯の主な植物群落での、高山植物の開花期間（大雪山）
強風に飛ばされるため冬でもほとんど積雪のない風衝地群落では、6月中旬～8月上旬にかけて開花する。6月中旬に雪が消える雪田群落では6月末～8月中旬にかけて、7月中旬に雪が消える雪田群落では8月上旬～9月中旬が開花期間。積雪環境が異なる植物群落が組み合わさって、地域全体で見ると多様な開花構造が形成されていることがわかる。

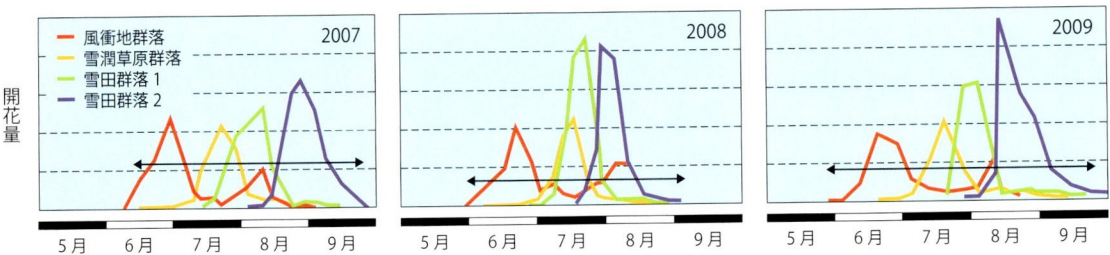

図4. 高山生態系の主要植物群落が作り出す開花量の年変動（大雪山）
赤：風衝地群落、オレンジ：雪潤草原群落、緑と紫：雪解け時期の異なる雪田群落。雪解けが急速に進んだ2008年は、他の年に比べて群落間の開花期の重複が大きく、地域全体の開花期間もひと月程度短縮された。花を利用する昆虫にとって、年によって変わる開花期間や花の量は利用できる資源が不安定で、予測しにくいものであることを意味する。

高山風衝地群落のミヤマキスミレ （大雪山7月中旬）

地球温暖化で花暦が変わる？

花暦が示すように、生物は季節によってさまざまな姿を見せてくれます。植物の開花や紅葉、動物が冬眠から覚める時期や昆虫の羽化、鳥の渡りや産卵など、少し考えただけでも、季節に対応した生物の行動をたくさん思いつくことができます。こうした生物の季節現象を記録することを、生物季節学（フェノロジー）といいます。

実は、生物季節学には非常に長い歴史があります。春に白い花を咲かせるコブシを「田打ち桜」と呼んで、その開花を農作業の開始時期と関連づけている地方があります。このように生物季節は、田植えや作付け時期の目安にも利用されてきました。また、気象庁では1953年から、植物の開花や紅葉の時期、動物・鳥・昆虫の出現や初鳴き時期を記載し続けています。

そうした歴史が、近年の地球温暖化によって、世界各地で植物の季節性が早まり、生育期間が長くなっているという報告につながりました。動植物数百種の生物季節を解析した研究では、春の季節性（開花、開葉、休眠明け、渡りの時期など）の早まりは62％の種で起きており、その変化速度は平均すると10年間で2、3日に相当するそうです。

このような生物季節の変化は、生物間相互作用に深刻な影響を及ぼします。長い年月をかけて形成されてきた生物種間の共存関係が崩壊する可能性があるからです。

落葉樹林の春咲き植物のひとつであるエゾエンゴサクの開花時期は、

す。このとき、間を置かず連続的に咲きついでいけば、引き寄せた生物を群落に長くとどめることができ、好都合です。実際に、植物をよく見分けて、好みの植物を選んで訪れる性質を持つマルハナバチというハチのなかまなどに花粉を託す植物の間では、群落内で時期をずらし、順々に開花する傾向が見られます。

このような関係はわかってきましたが、それが植物や花粉を媒介する生物にどのように影響するかは、まだまだわからないことだらけです。それぞれの植物群落に特有な花暦の重要性を解明するには、もう少し時間がかかりそうです。

(a) 種間で開花の重複が大きい場合

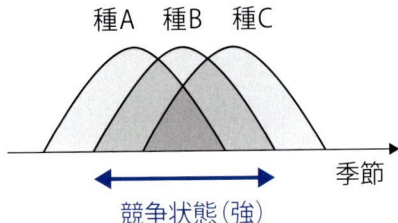

(b) 種間で開花の重複が小さい場合

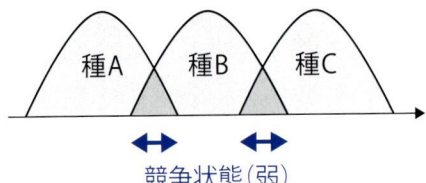

(c) 隣接する群落間で花粉媒介生物の移動がある場合

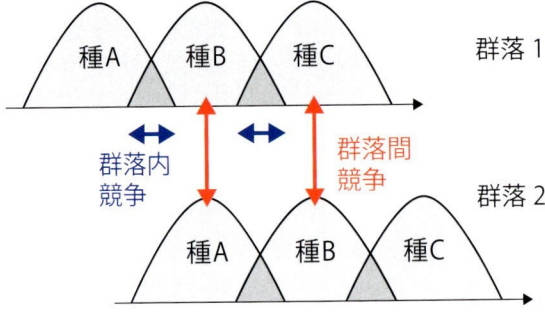

図5. 開花時期をめぐる植物種間の相互作用
群落内で開花期の重複が大きいとき（a）、群落全体としては花粉媒介生物を引きつける力が高まるが、植物種どうしの間の花粉媒介生物をめぐる競争は強まる。群落内で種ごとに開花期間がずれ、花が交代して連続的に咲き続けるとき（b）、花粉媒介生物は利用する種を季節的に換えていくので、植物どうしの競争は回避できる。同じことが群落どうしでも言える。となりあった群落間で開花が連続的に起こるとき（c）、開花期が重なる群落どうしでも、種間にも競合関係が起こり得る。この場合、群落内の種間での開花期がずれたとしても、植物種どうしの競争の回避にはつながらない。

花粉を媒介するマルハナバチの女王バチが冬眠からさめて活動をはじめる時期とだいたい一致しています。暖冬で雪解けが早い年に調べたところ、エゾエンゴサクの開花時期が大幅に早まりますが、女王バチの出現時期はそれほど変化しませんでした。そしてこのような年には、女王バチの出現前にエゾエンゴサクの開花時期が終わってしまい、種子生産が大きく低下していました（図6）。このような植物と昆虫の気候変動に対する反応は異なっているようです。このような季節性の不一致は、「フェノロジカルミスマッチ」と呼ばれます。最近になって、同様の事例が世界各地で報告されるようになりました。例えば、ヨーロッパでは温暖化によりナラの開葉時期が早まる傾向にありますが、ナラの葉を餌とするフユシャクガの孵化時期の早まりの方が大きく、開葉前に孵化した幼虫は餌不足で飢餓状態となる危険性が高まっています。このような季節性を介した生物間相互作用の崩壊は、種多様性を大きく低下させる危険性があります。

地球温暖化の影響を発見する

このように、気候変動が生態系へ及ぼす影響を評価するうえで、群集の生物季節を観察し続けることは不可欠です。しかし、長期的な継続観察の事例は、まだごくわずかしかありません。高山生態系は、気候変動に敏感に応答するため、温暖化が生態系に及ぼす影響を調べる「自然の実験系」として注目されています。しかし高山帯は、登っていくのも、

高山雪田群落のコエゾツガザクラ（大雪山7月下旬）

エゾエンゴサクの花を訪れるアカマルハナバチの女王（撮影／島田薫）

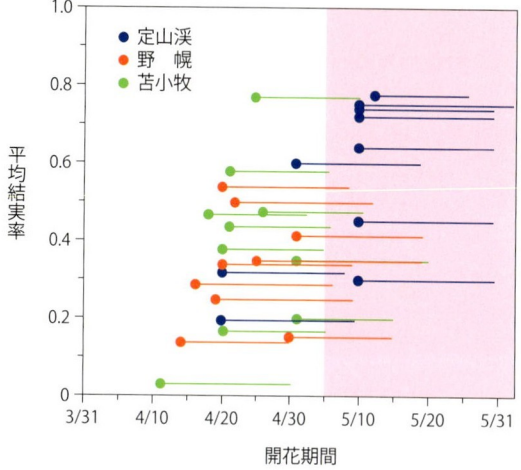

図6. 開花時期と結実率の関係
雪解け後10日足らずで開花する春咲き植物エゾエンゴサクは、マルハナバチの女王に花粉を媒介してもらわなければ種子ができない。札幌近郊の3個体群で、10年間にわたり、開花時期と結実率の関係を調べた。すると、雪解けが早く開花が早まった年は、結実率が大きく低下していた。マルハナバチ女王の出現時期と開花期のタイミングがずれ、受粉がうまく行われなかったことがその原因。丸印は開花開始日、横線は開花期間をあらわす。

詳しい調査を続けていくのも、大変な苦労を伴います。

そうしたなか北海道の大雪山系では、一般の登山者による高山植物開花調査が、これまで6年間にわたって行われています。この市民ボランティアによる調査は、異なるタイプの植物群落4地点で、開花期間中2～3日の間隔で、開花状況を種ごとに記録するというものです。各観測場所の地表面温度も1年中計測し、雪解け時期や温度変化を記録しています。このような地道な試みが評価され、2010年に始まった環境省の「モニタリングサイト1000」の高山帯の調査地として登録されました。多くの地域で同様の生物季節調査が行われるようになれば、バイオセンサーとしての花暦の生態的機能も明らかにされていくことでしょう。■

■花暦の微妙が織りなす生きものの世界

市民ボランティアによる高山植物開花調査の様子
（大雪山7月中旬）

■ 大雪山の「高山植物調査〈リサーチ登山〉」
ＮＰＯ法人アース・ウィンドが実施している。下記ホームページで参加者を募集している。誰でも参加できるが、開花状況の記録は段階も含めて記録しているため、その判断基準を学ぶためのモニタリング研修への参加も必要。
http://e-wind.org/cn6/pg60.html

■ モニタリングサイト1000
周囲を海に囲まれ、島に恵まれ、南北に長く、起伏が激しい、多様な日本の地形の上になりたつ生態系の基本情報を収集するために設けられた長期観測地点。高山帯、森林・草原、里地、湖沼・湿原、眼窩も類の飛来地、砂浜、沿岸域、シギ・チドリ類の飛来地、サンゴ礁、小島嶼（とうしょ）に類別され、合計で全国に約1000か所ある。
http://www.biodic.go.jp/moni1000/index.html

植物と昆虫の共生の歴史を解き明かす

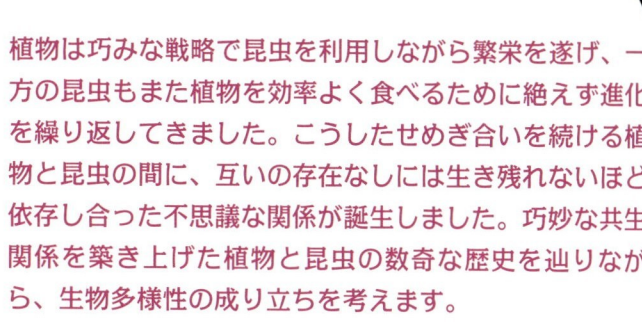

植物は巧みな戦略で昆虫を利用しながら繁栄を遂げ、一方の昆虫もまた植物を効率よく食べるために絶えず進化を繰り返してきました。こうしたせめぎ合いを続ける植物と昆虫の間に、互いの存在なしには生き残れないほど依存し合った不思議な関係が誕生しました。巧妙な共生関係を築き上げた植物と昆虫の数奇な歴史を辿りながら、生物多様性の成り立ちを考えます。

地球を彩る花々

現在の地球を覆っている緑のほとんどは、被子植物とよばれる、花を咲かせる植物です。その花々は個性豊かで、なかには花とは思えないほど風変わりなものもあります。そのひとつひとつに、複雑で巧妙な進化の歴史が隠されています。

花びらの役割

陸上植物は、コケ植物、シダ植物、裸子植物、被子植物の4つに分けられます。しかし、種の数で見ると、実にその9割近くが被子植物です。被子植物を最もよく特徴づけているのはその花で、生殖をになう器官である雄しべや雌しべのまわりを、花弁（花びら）とがく片からなる花被が取り囲んだ形が基本になっています。この花被の部分が、被子植物の花を独特なものにしています。

著者紹介

川北 篤
（京都大学生態学研究センター）

植物の多様な形態や生活史の背後にある、生きものどうしの関わり合いの歴史を解き明かしたいと考え、研究を行っている。

右上から時計回りに／裸子植物のひとつ、アカマツ。花被はなく、雌しべや雄しべに相当する部分がむき出しになっている。／ホトトギス。花の大きさと蜜の位置が絶妙で、ハチが蜜を吸うために花弁と雄しべの間を動き回ると体に花粉がつく。（撮影／田中肇）／ハマボウフウ。小さな白い花が集まって皿状に咲く。多くの昆虫が利用できる形。／シラカバの花。風媒花で、昆虫などを引きつける花弁や蜜をもたない。／ニシキソウ。道ばたでよく見られる雑草だが、蜜を出してアリを招き、花粉を託す。（撮影／田中肇）／ナガハシスミレ。花のうしろに細長く突き出たところに蜜がたまるので、ビロウドツリアブのように長い口吻をもった昆虫でなければ利用できない。（撮影／田中肇）／観葉植物として知られるクルクマは東南アジアの植物。ピンク色の部分は花ではなく、苞（ほう：つぼみを包んでいた葉）。花は小さく、苞のつけねにつく。／コマクサ。花の奥に蜜を隠し、花をこじあける力のあるハチのなかまなどに花粉を託す。

■植物と昆虫の共生の歴史を解き明かす

右上から時計回りに／ハルジオン。平たい花にはさまざまな昆虫が集まる。甲虫が花粉を食べに来ることも。（撮影／田中肇）／カンツバキ。昆虫が少ない冬に咲く花には、鳥に花粉を託すものも多い。（撮影／叶内拓哉）／フクジュソウ。低温でも活動できるハエやアブのなかまが利用しやすい形をしている。（撮影／田中肇）／ウマノスズクサ。においでハエ類をおびき寄せ、複雑な形の花の中を動き回らせて受粉する。蜜もなく、ハエはだまされ損。（撮影／田中肇）／カラスウリ。夜咲く白い花には香りの強いものが多く、ガを引き寄せる。（撮影／田中肇）／カタクリ。気温の低い早春に咲く花を利用できる昆虫は少ないが、ギフチョウはその数少ない例のひとつ。（撮影／田中肇）

最初にあげた陸上植物の4つのグループのうち、被子植物に最も近縁なのは裸子植物です。裸子植物も花をつけますが、花被はなく、被子植物の雄しべにあたる小胞子嚢や、雌しべにあたる胚珠がむき出しのまま存在しているのがわかります。それでは被子植物だけがもつこの花被には、どのような役割があるのでしょうか？　被子植物の花被は、もとは葉であったものが極端に変形したものです。被子植物は花被を雄しべと雌しべのまわりに配列し、それらを鮮やかに色づけることによって、昆虫をはじめとするさまざまな動物を花に引き寄せ、彼らに受粉を託すことに成功したのです。

動物を魅了する花

こうした動物たちが花を訪れるのは、かれらが生きるための糧、さまざまな資源を得るためです。初期の被子植物は、花粉を食べにくる昆虫、あるいは雌しべが花粉を受け取るために分泌する受粉滴（じゅふんてき）をなめにくる昆虫に花粉を託し、雌しべに運んでもらっていたと考えられていますが、花被はこうした資源の存在を示す目印となり、より多くの昆虫を花に引き寄せることを可能にしました。これらの花は、花被だけでなく、独特な匂いを動物に示していたでしょう。やがてこうしたなかから本格的に蜜などの資源を提供する花があらわれ、花被の色や形、発する匂いなども複雑になっていきました。現在、被子植物は、ハナバチ、ハナアブ、ハエ、甲虫、チョウ、ガ、鳥、コウモリなど、実にさまざまな動物に花粉を託していますが、こうした動物たちにいかに効率よく送粉（そうふん）して（雌しべに届けて）もらうかをめぐって植物が適応を繰り返した結果が、現在私たちが目にしている花の多様性なのです。

トックリキワタの花の蜜をなめるオリイオオコウモリ。原産地の南アメリカでは、この花の花粉はコウモリだけでなくタテハチョウの仲間のオオカバマダラも媒介する。沖縄県名護市（撮影／大沢夕志）

被子植物が繁栄したわけ

現在の陸上生態系は驚くほど多様な被子植物の花に彩られていますが、実は長い陸上植物の歴史のなかで、被子植物の花が出現したのは比較的新しい時代のことです。

初期の陸上植物は、現在のコケ植物のように地表に縛られて生活していましたが、やがて維管束を支えにして立ち上がり、森林を形成していたのは、シダ植物や、現在の裸子植物にも似た初期の種子植物たちです。

シダ植物は胞子を風に乗せ、胞子が到達した先で水を介して受精を行います。また初期の種子植物は、現在の多くの裸子植物と同じように、花粉を風に乗せて胚珠へと届けていたと考えられます。しかし水や風に依存した生殖様式は、乾燥地への進出を阻むばかりでなく、他の植物に覆われて十分に風を受けられない植物や、森の中に低密度で生育する植物にとっては極めて効率の悪い方法だったはずです。花を進化させ、動物に確実に送粉してもらうことに成功した被子植物は、こうして森林

■植物と昆虫の共生の歴史を解き明かす

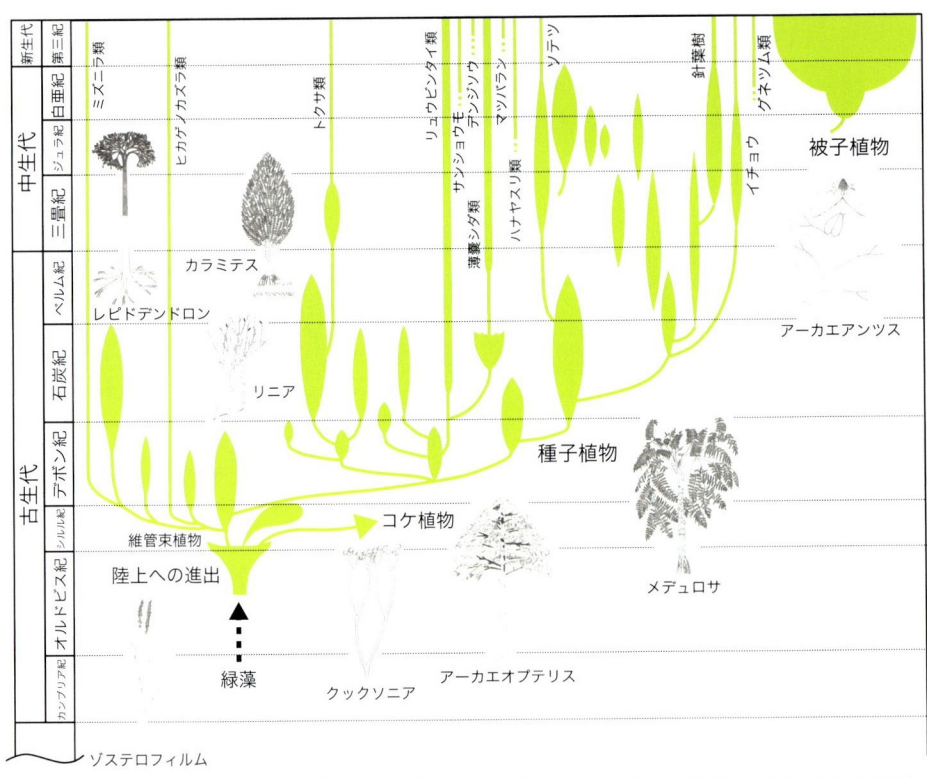

陸上植物の進化のあゆみ。花をもつ被子植物が現れたのは陸上植物の進化の歴史から見るとごく最近であるが、かつてこれほど繁栄を遂げた植物もなかった（大阪市立自然史博物館編「第31回特別展　化石からたどる植物の進化」2002.より改変）

内のさまざまな環境へと進出し、多様性の高い森をつくりあげていったのです。

現在、被子植物は地球上に25万〜30万種が存在すると言われていますが、実にその80％以上が動物に送粉を託していることからも、被子植物の繁栄に動物とのパートナーシップがいかに重要であったかをうかがい知ることができます。

不思議な共生関係

被子植物と動物の関係は私たちの想像をはるかに超えるほど多様ですが、そのなかでも特に風変わりな例として、カンコノキ属の植物と、これらの花を送粉するハナホソガ属のガの間の共生関係を紹介したいと思います。

葉にもぐるガ

ハナホソガ属のガ（以下、ハナホソガ）は、ホソガ科という植食性昆虫の一群に含まれ、いずれの種も成虫の翅を広げても1センチに満たないとても小さな虫です。ホソガ科はそのほとんどの種が、潜葉虫とよばれ、幼虫が植物の葉の中にもぐり、葉の組織（葉肉など）を食べて成長

ホソガ科のガの幼虫が葉の中をもぐってできた跡

ウラジロカンコノキの雄花で花粉を集める雌のハナホソガ

雌花に授粉するハナホソガ

ウラジロカンコノキの果実。それぞれの果実は直径1cmほどで、中には6つの種子が入っている

します。この「葉にもぐる」という生活様式は、ハエやアブのなかまである双翅目、ハチやアリのなかまの膜翅目、甲虫のなかまの鞘翅目、チョウやガの鱗翅目という昆虫の4つグループで繰り返し進化しています が、そこには自分をえさにする外敵（捕食者）や寄生者から逃れるといった目的に加え、体の小さい幼虫の身を乾燥から守るなどの意味もあったと考えられます。

ホソガ科は潜葉虫としてとりわけ繁栄を遂げたグループで、被子植物のさまざまな系統を利用し、著しい多様化を遂げました。被子植物は花を進化させ、昆虫に送粉を託すことで繁栄を遂げましたが、それと並行するように、被子植物を食べる昆虫も多様性を増していったのです。こうしたホソガ科のなかにあって、例外的に植物の種子を食べるようになったのがハナホソガです。ハナホソガがなぜ種子を食べるように進化したのかは興味深い謎ですが、彼ら は種子食性になったことで、潜葉性のホソガとは大きく異なる独自の進化の道を歩むことになりました。

子のために受粉を手伝う

ハナホソガはホソガ科のなかで例外的に葉にもぐる幼虫生活を捨てました。かれらの幼虫はカンコノキ属植物（以下、カンコノキ）の若い果実の中で、発達途中の柔らかい種子を食べて成熟します。そのためハナホソガの雌は、果実がふくらみ始め

■植物と昆虫の共生の歴史を解き明かす

口吻に大量の花粉を集めたハナホソガの雌

る前の花の時期に卵を産みにやってきます。しかし、手当たり次第花に卵を産んでしまっては、受粉できず、種子をつくれなかった花に産んだ卵は無駄になってしまいます。

そのためハナホソガは、自分が卵を産みつける花が確実に実になるように、口吻を巧みに使って雄花で花粉を集め、雌花へ運ぶという驚くべき行動を進化させたのです。花の上で口吻を必死に動かしているハナホソガの姿は何かに取り憑かれたよう

送粉行動を進化させたハナホソガの雌の口吻には無数の細かい毛が生えており、たくさんの花粉を運びやすい構造になっている

でもあり、花粉を集め、雌花に運ぶというひとつながりの行動が、本能的に備わったものであることがよく理解できます。また、ハナホソガの雌の口吻をよく見ると、雄にはない微細な毛が密生していて、行動だけでなく形態的にも、送粉行動への適応が起こっていることがわかります。

ハナホソガだけを頼りに

一方、幼虫に種子を食べられながらも、積極的に花粉を運んでくれるパートナーを得たカンコノキには、どのような進化が起こったのでしょうか。その答えは、カンコノキの花を見れば一目瞭然です。

カンコノキの花は、昆虫に花粉を運んでもらっている植物のそれとはとても思えないような姿をしているのです。雌花はいずれも3〜5ミリほどの緑色をした小さな花で、昆虫を惹きつけるための鮮やかな花被はなく、蜜も分泌しません。そのかわ

同じ種の雄の口吻にはこのような毛は見られない

満開のヒトツバハギ（雄株）

なぜ共生は進化したのか

カンコノキとハナホソガのように、「種子を食べる昆虫が、種子をつける植物の花を送粉する」という形の共生は、膨大な被子植物全体をみてもわずかしかありません。カンコノキのほかでは、クワ科のイチジク属に含まれるすべての種と、北米の乾燥地を中心に生育するリュウゼツラン科のユッカ属、およびサボテン科の一種でしか知られていません。それでは、なぜこのような共生は珍しいのでしょうか？　別の問い方をすれば、なぜカンコノキとハナホソガの間でこうした奇妙な共生が進化したのでしょうか？

り、3本の突起状の雌しべが融合して、ちょうどハナホソガが口吻を差し込めるほどの小さな溝をつくっています。雄花は比較的「花らしい」姿をしていますが、やはり蜜を分泌せず、黄緑色でほとんど目立ちません。

カンコノキが生育する環境には、花粉や蜜を求めて花を訪れるハナバチやチョウなどの昆虫がたくさん飛び交っていますが、カンコノキはこうした昆虫に送粉を完全にやめて、ハナホソガだけに送粉をゆだねるという道を選んだのです。

カンコノキ属の植物は、種によって異なりますが、実（果実）1つあたり6〜12個の種子をつくります。ハナホソガの幼虫1匹が成長するために必要な種子は2〜4個なので、カンコノキはハナホソガの幼虫に種子を食われながらも、健全な種子を残すことができます。ハナホソガが「種子を食べるようになる」ということに始まった進化は、カンコノキとハナホソガの互いに驚くような適応の連鎖を生みだし、相手の存在なしにはもはや存続できないほどの共生関係を築き上げるという数奇な進化をもたらしたのです。

ほかにいないのはなぜか

カンコノキとハナホソガの共生は、ハナホソガが種子を食べるようになったことがそもそもの始まりだったと考えられます。しかし、「植物の種子を食べる昆虫」という目で見ると、そのような昆虫はそれこそ無数にいます。マメゾウムシやシギゾウムシなどの甲虫のなかま、ミバエなどのハエのなかま、さらにはメイガ科、ハマキガ科、シンクイガ科、

■ 植物と昆虫の共生の歴史を解き明かす

夜間、開きはじめのヒトツバハギの雌花に産卵しにきたハナホソガ

シジミチョウ科をはじめとするたくさんのガやチョウのなかまで、種子を食べる性質は何度も繰り返しあらわれています。でも、ハナホソガで進化したような、種子をつける植物の受粉を行い種子づくりを手伝う行動は、これらの種子食者では進化していません。それはなぜでしょうか？

手がかりを発見

研究を進めていくなかで、その答えに迫るきっかけとなるガを見つけました。カンコノキに近縁な植物にヒトツバハギという植物がありま
す。ヒトツバハギは、カンコノキでハナホソガとの共生が進化する以前の、祖先的な送粉様式をとどめた植物と考えられます。その花からは蜜がたくさん出ており、昼間に蜜や花粉を求めて花に集まるハナバチやハナアブが送粉しています。

しかし、よく調べてみると、ヒトツバハギの実にもハナホソガ属の一種が入っていました。このハナホソガは、カンコノキのハナホソガのように花粉を運ぶことはせず、幼虫は一方的に種子を食べるだけでした。DNAの情報を使って調べてみる
と、この種は受粉を助ける送粉行動を進化させる前の状態をとどめた種と考えられることがわかりました。ヒトツバハギに寄生するハナホソガが興味深いのは、この種もカンコノキのハナホソガと同じように「花」に産卵していることです。送粉行動をもたないなら、果実になるかどうかもわからない花に賭けてまで産卵するのではなく、ふくらみ始めた果実に安全に卵を産めば良いはずです。実は、種子を食べる昆虫のうちハナホソガ以外のものは、そのほとんどがこのように果実に産卵するタイプです。わざわざ花粉を運ぶような行動が進化しなかった理由はここにあると考えられます。

しかし、カンコノキやヒトツバハギは、花が受粉してから種子が熟すまでの期間が3週間程度と短いのです。これはハナホソガの幼虫期間とほぼ同じくらいです。ですから、幼虫が若い種子を食べながら成長していくためには、果実がふくらみ始めてから卵を産んでいては遅いのです。ハナホソガの雌は、花の段階で卵を産みつけなければなりません。この「花に産卵しなければならない」という偶然のめぐり合わせが、「自

マダガスカル北部マロジェジ山の標高2000 m付近に発達した雲霧林。この林床に生えるコミカンソウ科植物にも送粉行動をもつハナホソガが訪れた。日本からは地球の反対とも思えるこのような地にまでハナホソガがたどり着いたことを思うと感動も大きい

■植物と昆虫の共生の歴史を解き明かす

ら花粉を運ぶ」という驚くべき行動をハナホソガにもたらしたのです。

もうひとつの疑問

しかし、ここでもうひとつの大きな疑問がわきます。ハナホソガは積極的に花粉を運んでくるとはいえ、植物にとっては大切な種子を食べる加害者です。ヒトツバハギのようにハナバチやハナアブに送粉を頼れるのであれば、何もハナホソガを花に呼ぶ必要はありません。種子を犠牲にするという大きな代償を払ってまで、なぜカンコノキはハナバチやハナアブに頼ることをやめ、ハナホソガに完全に送粉を託すようになったのでしょうか。

花粉が足りない！

こうした疑問にはっきりとした答えを出すことはむずかしいのですが、再びカンコノキに近縁な植物に、その糸口を見つけたいと思います。ヒトツバハギと同じようにカンコノキに近縁で、ハナホソガとの共生を進化させていない植物であるコバンノキを使って、さまざまな実験条件下で、花が実になる割合（結実率）がどのように変わるかを調べました（図1）。開花前のつぼみに網をかけて、花に虫が触れられないようにすると、当然のことながら実はつきません。一方、網をかけない自然状態の花では、約5割程度の花が実になります。ところが、他の株の花粉を人工授粉すると、どちらの株も結実率は大きく上がり、8割以上の花が実になりました。単純な実験ですが、この結果から、コバノキの花には十分な量の昆虫が訪れていないため、本来実らせることができるはずの花すべてに花粉が行き渡っていないことがわかります。

実は、カンコノキにごく近縁な植物では、こうした傾向が一般的に見られるのです。ハナバチやハナアブを花に呼ぶことをあきらめ、ハナホソガに特殊化する道を選んだカンコ

図1. コバンノキを用いた人工受粉実験の結果

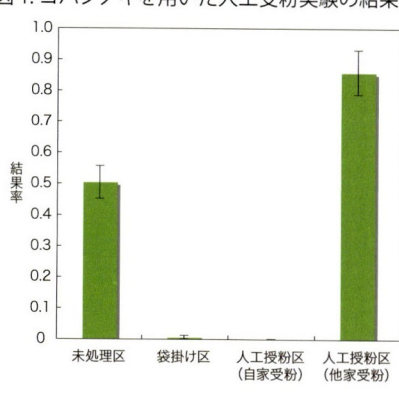

ノキの祖先も、コバンノキのように花に昆虫をうまく惹きつけることができていなかった可能性があります。そのため、種子を食害されるという大きな犠牲を払ってでも、確実に花粉を運んでくれるハナホソガに送粉を託すように進化したのかもしれません。

これまでカンコノキと呼んできた植物は、いずれもカンコノキ属というグループに含まれ、カンコノキ属はさらにコミカンソウ科という科に属しています。カンコノキ属は東南アジアの熱帯を中心に何と300以上もの種が知られていますが、そのそれぞれが種ごとに決まった別々のハナホソガと共生関係を結んでいることがわかってきました。さらに、カンコノキ属に近縁ないくつかの系統でも同じようにハナホソガとの共生が進化していることがわかり、現在ではアジアの熱帯域を中心に、世界中で実に500種以上のコミカンソウ科植物が、それぞれが別々のハナホソガによって送粉されていると考えられることがわかっています。

生物がたどった歴史を明らかにする

地球上にはさまざまな生物が存在しています。植物を食べる昆虫だけに限っても、ひとつの森の中には何千、何万という数の種が生息しているでしょう。ハナホソガはその中のほんの一部に過ぎませんが、研究をすればするほど、その進化の道のりがいかに長い時間と偶然の積み重ねであったかに驚かされます。

自然界の生物は、そのどれもが、このように私たちには思いもよらないような壮大な進化の歴史をたどってきたはずです。そしてこれらの生物がつくり上げる生態系は、こうしたさまざまな履歴をもつ無数の生物たちが集合したものです。カンコノキとハナホソガの研究をしながら私が思うことは、こうした無数の生物のなかに、まだどれだけ多くの不思議と驚きが隠されているのかということと、同時にそれを理解することがいかにむずかしいかということです。

それぞれの生物や、それぞれの地域に固有の生態系がたどった歴史をひとつひとつ明らかにしていくことで、生物多様性や生態系の成り立ちについて、少しずつ理解を深めていきたいと考えています。■

これらの500種ものハナホソガたちは、いずれも約2500万年前に起源したただ1種のハナホソガが集合したものです。カンコノキとハナホソガの研究をしながら私が思うことは、こうした無数の生物のなかに由来することがわかってきました。私たちヒトが誕生したのが約40万年前ごろなので、2500万年というのはとても私たちの時間感覚でとらえられるものではないかもしれません。花粉を運ぶという行動を獲得した最初のハナホソガが、こうした長い時間をかけて世界中のさまざまな環境へと生息範囲を広げ、コミカンソウ科植物とともに500種へと多様化を遂げていったのです。

■植物と昆虫の共生の歴史を解き明かす

フレンチギアナの熱帯雨林でライトトラップに飛来した多種多様なガ類。それぞれのガの形や模様、行動には、それぞれの種に固有の進化の歴史が刻まれている

COLUMN
「進化」と「変身」

「進化し続けるダルビッシュ」、「ポケモンの進化」。「進化」ということばを、「個人や個体が環境に順応し、より高いパフォーマンスを発揮するようになること」の意味で使っているような例が目立ちます。

しかし、生物学の世界では、「進化」ということばにこのような意味はありません。生物学でいう「進化」とは、このような個人や個体の変化を指すものではなく、「世代を経るにつれておこる生物集団の特徴の変化」で、遺伝的な変化をともなうものとされています。

進化とは

生きものの集団（繁殖可能な個体のあつまり）のなかには、いろいろな特徴を持つ個体がいます。そのなかで異性を惹きつける特徴を持つ個体は、他個体に比べて多くの子どもを残すことができます。また、上手に巣作りしたり、世話できる個体ほど、子どもを多く育てられます。子どもを多く残すのに有利なこれらの特徴（適応的な形質とよばれます）が、もし子孫に遺伝するならば、つまり遺伝子によって決まっているとしたら、世代を重ねるにつれてこの特徴を持った個体の子孫が集団の多数を占めるようになり（同時にこの特徴を決める遺伝子も多数派になる）、逆にその特徴を持たない個体（遺伝子）は次第に数を減らしていきます。集団全体の平均的な特徴が世代の経過とともに変化することで、個体ごとの性質は変わらなくても、集団全体としてみると、新しい特徴を備えた生きものへと集団が生まれ変わったように見えるでしょう。

生物学の世界では、このような集団のなかの遺伝子の割合（遺伝子頻度）の変化をともなう集団の特徴の変化を「進化」※とよんでいます。

たくさんの子孫を残すことができそうです。すると世代が経過するにつれ、変身できる個体が集団の中で多数派となり、いずれはほとんどすべての個体が変身する能力を持つように、集団の遺伝子組成が変わっていくと予想されます。これが現在考えられている「表現型可塑性の進化」の過程です。

ポケモンは「変態」？

「ポケモンの進化」はあくまで個体の変化なので、「進化」とはいいません。「ポケモンの進化」は、生物学の用語を使うなら、表現型可塑性による「変身」か、チョウの幼虫がさなぎを経て成虫になるのと同じ「変態」とよぶのが適切でしょう。

※紹介した例のように、子どもを多く残すのに有利な特徴が取捨選択されるプロセス（「選択」や「淘汰」とよびます）による進化は、特に「適応進化」とよばれます。繁殖や生存に不利な特徴を持つ個体がたまたま他の個体より多くの子孫を残すことにより、適応的ではない形質の遺伝子が集団中に広まることもあります。これまた、集団中の遺伝子頻度の変化ですから、進化は偶然によって生じることもあるといえます。

変身の進化

ただし、「変身が進化する」ことはありえます。変身の能力が遺伝子によって決まっており、変身できる個体と変身できない個体が、集団を構成しているとします。環境が変化しやすい場所では、変身できる個体のほうが、そうでない個体に比べて、うまいえさをとるのが速い、すんでいる環境のなかで生き残りやすい特徴を持つ個体で逃げ足が速い、えさをとるのがうまいなど、すんでいる環境のなかで生き残りやすい特徴を持つ個体のほうが、

（岸田　治）

COLUMN ● 「進化」と「変身」

普通に3週間育てた
オタマジャクシ

サンショウウオの幼生
と3週間いっしょに育
てたオタマジャクシ（奥
尻島産）

サンショウウオの幼生
と3週間いっしょに育
てたオタマジャクシ（北
海道本島産）

「変身」は進化とは異なるが、変身が進化することはある。エゾアカガエルのオタマジャクシは、天敵であるエゾサンショウウオの幼生がいる環境では、頭を大きくふくらませて食べられにくい形態に変身して対抗する。エゾサンショウウオは、北海道本島（以下、本島）ではあちらこちらに分布するが、北海道南西部にある離島の奥尻島には分布していない。この2つの場所からオタマジャクシを採集してきて、サンショウウオの幼生と3週間いっしょに育てたところ、オタマジャクシの変身の度合いは出身地により異なることがわかった。奥尻島からとってきたオタマジャクシの頭は、本島産のオタマジャクシほどにはふくらまなかった。これは、エゾサンショウウオの脅威にさらされず変身の必要がない状態で世代を重ねてきた奥尻島集団と、サンショウウオの脅威があったりなかったりする環境で生きてきた本島集団の進化のちがいを反映したものと考えられる。

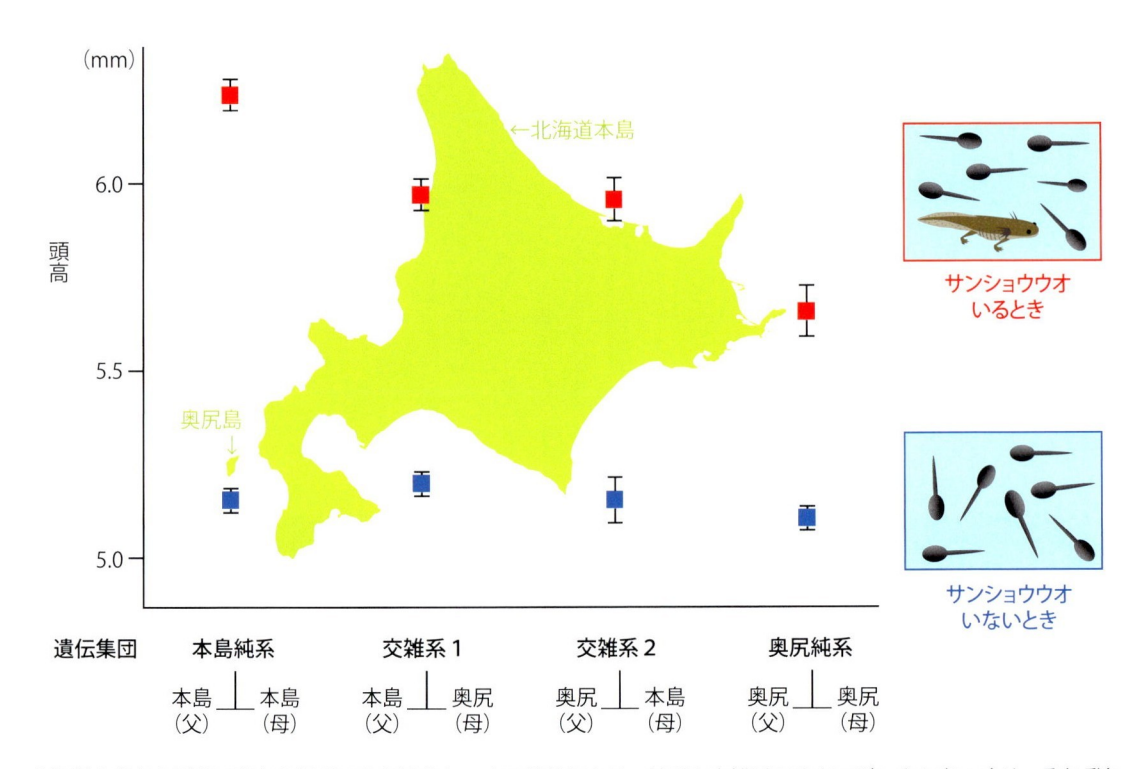

北海道本島および奥尻島から親ガエルを採集し、人工授精により、純系と交雑系のオタマジャクシをつくり、それぞれ、サンショウウオがいる場合といない場合とで、2週間飼育した後、頭の高さを測った。サンショウウオが「いない処理（灰色）」と「いる処理（黒色）」の差が、オタマジャクシの膨らみの大きさを示す。北海道本島のオタマジャクシは、奥尻のオタマジャクシよりも膨らむ能力が高いことがわかる。また、交雑集団の膨らみは、2つの純系集団のちょうど中間の値をとっている。各処理、水槽を5回繰り返して実験しており、誤差バーは標準誤差を表す。（Kishida, et al., 2007より改変）

琵琶湖がつなぐ人の暮らしと生きものたち

たくさんの固有種を育んできた琵琶湖は「生物多様性の宝庫」とよばれていますが、琵琶湖を取り巻く人の社会活動の変化によって、その多様性が失われようとしています。琵琶湖沿岸と沖合に分かれて生息するタモロコとホンモロコの関係を探ることで、なぜ、いま、生物多様性を守る必要があるのかを考えます。

琵琶湖の春

「春になれば 氷こも解けて どじょっこだの ふなっこだの 夜が明けたと思うベナ」

2010年10月、名古屋においてCOP10（第10回締約国会議）が開催されたことは皆さんの記憶に新しいことでしょう。本条約によれば、保全すべき対象としての生物多様性は大きく3つの階層に分類できます。3つの階層とは、「種内の多様性」「種間の多様性」「生態系の多様性」です。私たちは、なぜこれらの多様性を守らねばならないのでしょう？　琵琶湖を例に、そこに暮らす人びとと生きものたちのつながり、そして、生物多様性の意味について考えてみましょう。

著者紹介

奥田 昇
（京都大学生態学研究センター・准教授）

山梨県生まれ。1998年京都大学理学博士。渓流釣りと水辺の生物をこよなく愛する。海・川・湖をフィールドとして、水生生物の行動から生態系レベルの現象まで幅広い研究テーマを展開。最近は、琵琶湖の生物多様性の保全を目的とした大規模長期生態学研究に精力的に取り組んでいる。

図2. 近江の湖魚食文化を代表する郷土料理「鮒寿司」とニゴロブナ
鮒寿司はニゴロブナを米と一緒に漬け込んだ発酵料理。（撮影／ニゴロブナ：金尾滋史）

■琵琶湖がつなぐ人の暮らしと生きものたち

図1. 伝統的なエリ網漁を営む人びと
「エリ網漁」は琵琶湖で行われてきた伝統的な漁法で、障害物にぶつかるとそれに沿って移動する魚の習性を利用した定置網漁の一種。上は昭和30年代の風景で、漁具には、沿岸で入手できるタケ、ヨシなどの自然の素材が利用された。下は現代の風景で、魚具の素材はカーボンなどに変化しているが、漁の手法はほとんど変わっていない。（撮影／上：前野隆資、下：金尾滋史 資料提供／上：滋賀県立琵琶湖博物館）

童謡にも唄われるように、雪が溶け、岸辺のヨシ原がヒタヒタと水に浸かる頃、琵琶湖の魚たちはどこかソワソワと落ち着きをなくします。春の湖畔は、産卵に訪れる魚たちとそれを求めて集う人びとで賑わいます。漁師たちはエリ網を立て、魚が入るのを日がな一日のんびりと待ちます（図1）。お目当ては、ニゴロブナ（図2）。近江名物「鮒寿司」の材料として重用される魚です。一方、水際の柳並木に目をやれば、太公望たちがホンモロコ（図3）を狙って釣り糸を垂れています。釣った魚を七輪で炙れば、卵のぎっしり詰まった魚体からジュンと滴り落ちる脂の焦げた匂いが食欲をそそります。

ひと昔前の琵琶湖では、どこでも見られた春の風物詩。しかし、今ではすっかりお目にかかることができなくなってしまいました。かつてはふつうに食用にされていたほど豊富にいたニゴロブナやホンモロコ。これらは琵琶湖の固有種です。つまり、この地球上で琵琶湖にしか生息しない学術的にたいへん貴重な魚なのです。しかし残念ながら、これら

図3. 庶民の味として親しまれた「素焼き」とホンモロコ（撮影／素焼き：太田滋規、ホンモロコ：金尾滋史）

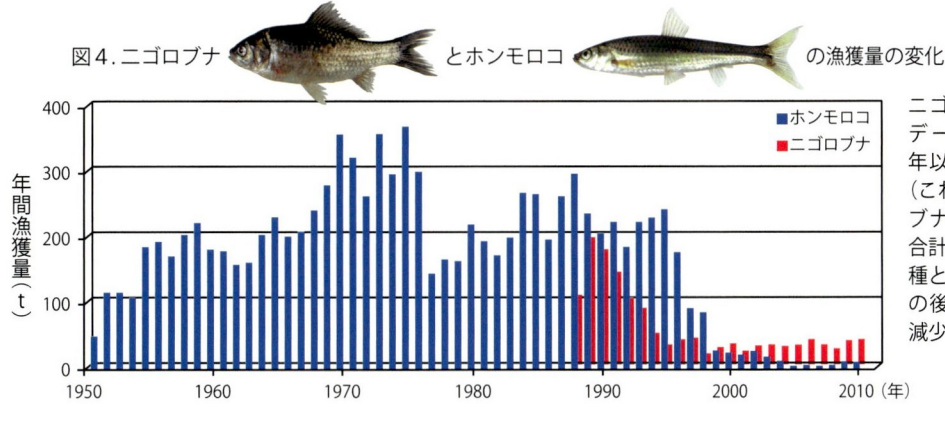

図4.ニゴロブナとホンモロコの漁獲量の変化

ニゴロブナの漁獲量データのある1986年以降の変化を示す（これ以前は、ニゴロブナと他のフナ類が合計されていた）。両種ともに、1990年代の後半から漁獲量の減少が顕著となる。

滋賀県と琵琶湖

生物多様性豊かな古代湖

ご存知のように琵琶湖は日本で一番大きな湖ですが、世界的に見れば100傑にも満たない大きさです。にもかかわらず、その名は世界に知られています。琵琶湖の名を世界に知らしめているのは、世界第三位という湖の古さにあります。そして、もうひとつ忘れてならないのが、その生物多様性の高さです。最新の報告によると、琵琶湖の周りには2800種あまりの多様な陸上・水生生物が生息しています。まさに、「生物多様性の宝庫」です。

その生い立ち

琵琶湖が誕生したのは、今からおよそ400万年前。三重県の上野盆地周辺に小さく浅い湖が誕生しました。この古琵琶湖は、形を変えながら北へ北へと少しずつ移動し、約40万年前の断層活動により生じた大地の深い裂け目に水がたまることでもうひとつの湖ができあがりました。

の魚はここ数十年で激減し、絶滅が危惧される状態に陥ってしまいました（図4）。

土砂や湖内で生産された有機物が堆積することによって、次第に埋まっていきます。地史的な時間スケールで見ると、数千年から数万年で潰えてしまうはかない命です。しかし、琵琶湖の湖底は断層活動によって絶えず沈み込んでいるため、堆積物によって埋めつくされることなく、永きにわたって湖水をたたえつづけてきました。

この長命な性質によって、琵琶湖の生物多様性が育まれました。現在、

湖沼はふつう、河川から流入する

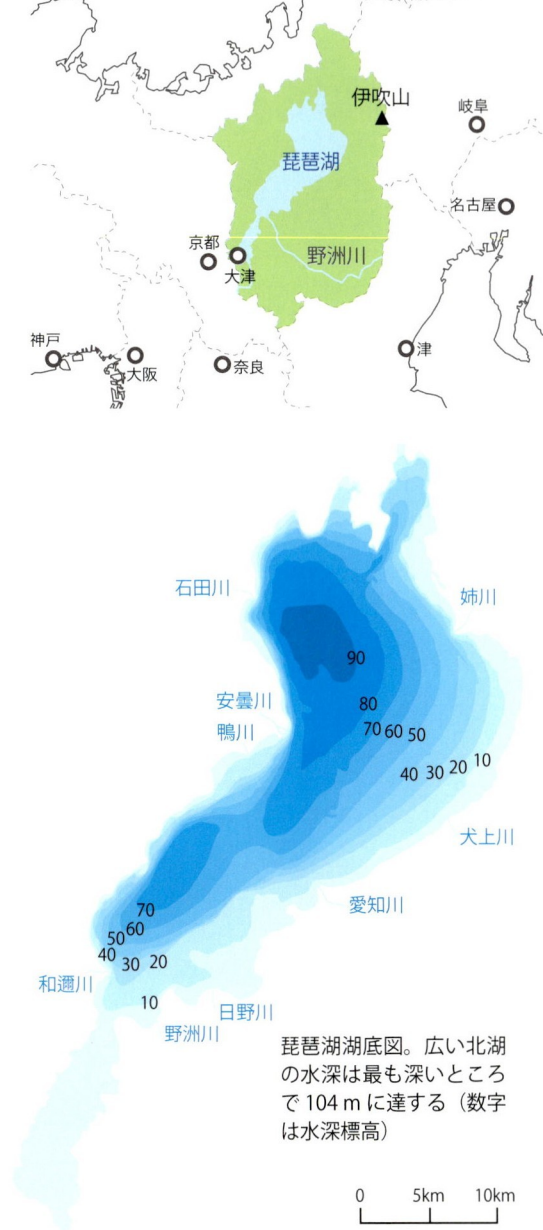

琵琶湖湖底図。広い北湖の水深は最も深いところで104 mに達する（数字は水深標高）

0　5km　10km

■琵琶湖がつなぐ人の暮らしと生きものたち

プランクトン食性が強い

ホンモロコ

タモロコ

ベントス食性が強い

図6.ホンモロコ(上)とタモロコ(下)

プランクトン食性が強い

ニゴロブナ

ギンブナ

ベントス食性が強い

図5.ニゴロブナ(上)とギンブナ(下)

琵琶湖では61種(亜種・変種を含む)の固有種が報告されています。これらの多くが沖合環境に適応して独自の進化を遂げています。世界のほとんどの湖は、その浅さのため、沖合も沿岸も環境的にさほど違いがありません。ところが琵琶湖では、海のように深い沖合環境が発達することにより、沖合を生息場とする生物が多数進化したのです。

生物多様性が育む食文化

滋賀のことを「近江」とよびます。この語源は「近淡海」に由来します。古代の都があった京都や奈良の人々は、琵琶湖を「近くにある淡水の海」とよんでいました。人びとだけでなく、そこにすむ生き物にとっても、琵琶湖は生命の源たる海のような存在であったにちがいありません。

ニゴロブナは、ギンブナ(図5)の親戚です。同じく、ホンモロコはタモロコ(図6)と近縁です。皆さんが子どものころに小川ですくったギンブナやタモロコは、浅瀬で、ベントス(水底に生息する生きもの)を好んで食べます。しかし、ニゴロブナやホンモロコは琵琶湖の沖合で回遊生活を営み、動物プランクトン

を食べます。ちょうど海水魚のアジやイワシが群れをなすように、琵琶湖ではフナやモロコがその大海原を群泳しているのです。かれらの体型は、遊泳生活に有利なように、近縁種にくらべてスマートです。さらに、動物プランクトンを食べやすいように、口が上を向いていて、餌を濾しとる櫛状の器官(「鰓耙」とよばれます)が発達しています。このように沖合環境に適応進化したプランクトン食の魚は、これまた沖合を徘徊するビワコオオナマズ(図7)のような大型肉食性の固有魚によって捕食されます。このようにして、琵琶湖で進化した多様な生きものたち

図7.沖合に生息する琵琶湖の主、ビワコオオナマズ(撮影/金尾滋史)

図8．琵琶湖岸の景観の多様性。近年はコンクリートの人工湖岸が増えてきた

❶岩礁湖岸は沖合に点在する小島の沿岸に形成される。カワニナの固有種（モリカワニナ）が数多く生息する。❷礫湖岸は固有種のビワヒガイや琵琶湖特有の生活史を進化させた沖合性のアユ（地元ではコアユと呼ばれる）が産卵のために利用する。❸抽水植物湖岸はヨシ原が発達した閉鎖性の高い水辺で、ニゴロブナやゲンゴロウブナ、ホンモロコなど数多くのコイ科固有種が産卵に利用する。また、ヨシ原の内部は動物プランクトンなどのえさが豊富で外敵が少ないことから、仔稚魚のゆりかごの役割を果たしている。近年は、埋め立てなどにより面積の減少が著しい。❹岩石湖岸は景勝地として知られる近江八幡や海津大崎にみられる。イワトコナマズやアブラヒガイなど絶滅の危惧される固有種が生息する。❺砂浜湖岸は河川からの土砂の供給によって発達する。コイなどが採餌活動に利用する。最近、琵琶湖の在来型のコイが大陸から移入されたものと遺伝的に異なる固有の系統であることが明らかとなった。❻人口湖岸にはオオクチバスやブルーギルなどの外来魚が数多く生息する。近年、人口湖岸の周辺からほとんどの在来魚が姿を消した。

は、沖合環境に適応しながらユニークな生態系をかたちづくりました。ところで、「近江の国」には塩辛い海がありません。そのため、交通網の発達していない時代、タンパク源はもっぱら琵琶湖の魚介類から得ていました。魚の習性を利用した巧みな漁法を発達させ、湖魚料理という独自の食文化を育んできたのです。琵琶湖は、固有魚と人間を食でつなぐ社会ー生態複合システムを築き上げました。

人がもたらした固有魚の繁栄

琵琶湖で原始的な漁業が営まれていた頃には、沖合を群遊する魚を直接獲るすべはありませんでした。しかし、沖合魚と人びとが出会える場所がありました。それは、一時水域とよばれる、増水などで一時的に出現する浅い水辺です。琵琶湖の固有魚の多くは沖合環境に適応していますが、産卵だけは沖合で行えません。そのため、沖合で暮らす固有魚であっても、産卵は必ず浅瀬で行わなければなりませんでした。

一口に水辺といっても、琵琶湖の湖岸は多彩な顔をもちます（図8）。近江八景にも描かれるように、白砂青松の砂浜湖岸もあれば、のどかなヨシ原が広がる抽水植物湖岸、荒々しい大岩が転がる岩石湖岸などさまざまです。琵琶湖の固有魚の各々は、これらの特定の湖岸で産卵する習性を進化させました。

ニゴロブナやホンモロコは、ヨシなど、浅い水中に根を張る植物に卵を産みつけるのを好みます。しかし、昔は水田のように田植えの時み出現する人工の湿地でも頻繁に産卵を行っていました（図9）。琵琶湖周辺で水稲耕作が始まったのは弥生時代。その時代にフナを加工して食べる文化がすでに確立していたこ

図9．水田で産卵するニゴロブナ（撮影／金尾滋史）

48

■琵琶湖がつなぐ人の暮らしと生きものたち

とを裏付ける遺跡資料が残されています。古代の人びとにとって、ふだんは沖合にいる魚も、田んぼの中では容易にとることができました。古代人が琵琶湖の周辺に水田を切り拓いたことが、一時水域を産卵場として利用する多くの固有魚の繁栄をもたらし、人と自然の共生社会が成立するきっかけとなったのかもしれません。

人がもたらした多様性の消失

琵琶湖の悠久の歴史がつくりだした湖岸景観と生きものの多様性。残念なことに、これらの多様性は、近年の人間活動の影響で急速に失われつつあります。湖岸が埋め立てられコンクリートで固められることによって、生息地はみな同じような環境になり、固有魚の好む産卵場が失われてしまいました。自然の湖岸は、また、仔稚魚たちに格好の隠れ家を提供していました。ところが、コンクリート護岸によってその隠れ家が失われ、生きものたちは人間によって放たれたオオクチバスやブルーギルといった外来生物の餌食となってしまったのです。

さらに、人間は産卵場の消失に追い討ちをかけました。圃場整備によって灌漑様式が改変されたため、導水路から直接、水田に水を引く必要がなくなり、水路はもはや排水の機能しかもたなくなりました。その ため、魚たちは産卵のために湖から水田に進入する経路を絶たれてしまったのです(図10)。生息地の多様性が生きものの多様性を育んでいたのとは逆に、生息地の一様化が生

図10. 現在見られる灌漑様式
琵琶湖周辺の水田のほとんどが「逆水灌漑」とよばれる灌漑様式に整備された。水田に取り付けられた蛇口をひねると、大型ポンプでくみ上げられた湖水を田に引くことができる(上)。排水は塩ビ管を伝ってコンクリート水路に流される(下)。魚たちが水路から水田に入り込む術はもはやない。

東岸の野洲市湖岸から対岸の比良山系を眺める。琵琶湖は日本で唯一水平線が見える湖だ（撮影／高橋啓一）

生物多様性の保全が必要なわけ

なぜ私たちは生物多様性を守らねばならないのでしょう？ 湖魚料理（図11）を食べない最近の若者たちは、たとえ固有魚がいなくなったとしても困ることはないかもしれません。また、魚たちの種の多様性が失われたとしても、魚全体の数が減らなければそれでよいと考える人は少なくないでしょう。しかし、生きものの多様性が失われると、生態系の機能が低下することがあるのです。

目に見えない自然の恵み

生態系機能とは、例えば、湖水を浄化したり、無機物を有機物に変換したりする生態系の性質のことです。このような機能は、水を飲む、食料を得るといった私たちの基本的な暮らしに直結しています。つまり私たちは、無意識のうちに生態系からさまざまな恩恵を受けています。

きものの多様性の消失を導いたのです。

図11. いろいろな湖魚料理

ビワマスの刺身

エビ豆

コイの飴煮

アユの塩焼き

アユのくぎ煮

■琵琶湖がつなぐ人の暮らしと生きものたち

このような恩恵を生態系サービスとよびます。生態系サービスは、生態系機能、あるいは生態系を構成する生物の種類によって変化します。魚たちにみられる多様性が生態系機能に影響することを、実例に基づいて紹介しましょう。

キーストーン捕食者

ある生態系に属する生きものたちは、その空間やエネルギーの一部を利用することによって、おたがいに対して多かれ少なかれ何らかの影響を及ぼしあいます。この関係のなかで、生態系に暮らす生きもの全体に対する影響力が強い生きものを「キーストーン生物」とよびます。「キーストーン」とは「要石」のことです。

湖沼の生態系で、魚は動物プランクトンを食べる「捕食者」と位置づけられます。そして図12のような関係から、生態系全体に影響力をもつ「キーストーン捕食者」の役割を担います。

動物プランクトンを食べる魚がたくさんすむ湖沼では、動物プランクトンはなかなか増えることができません。一方、動物プランクトンは、そのえさとなる植物プランクトンやバクテリアなどの微小プランクトンを食べることによって、それらの増殖を強く抑制します。プランクトン食の魚が、動物プランクトンを食べると、動物プランクトンの数が減ることによって、結果的に、そのえさとなる微小プランクトンが増えることになります。このように、魚は微小プランクトンを食べるわけではありませんが、直接的に食う一食われる関係にない生物の数の変化に大きな影響を及ぼします。この効果を「栄養カスケード」とよびます（図12）。

植物プランクトンやバクテリアは、体こそ小さいですが生物量が圧倒的に多いため、湖沼生態系の化学的環境を改変する力をもちます。したがって、プランクトン食魚は、栄養カスケードを介して、生物群集の

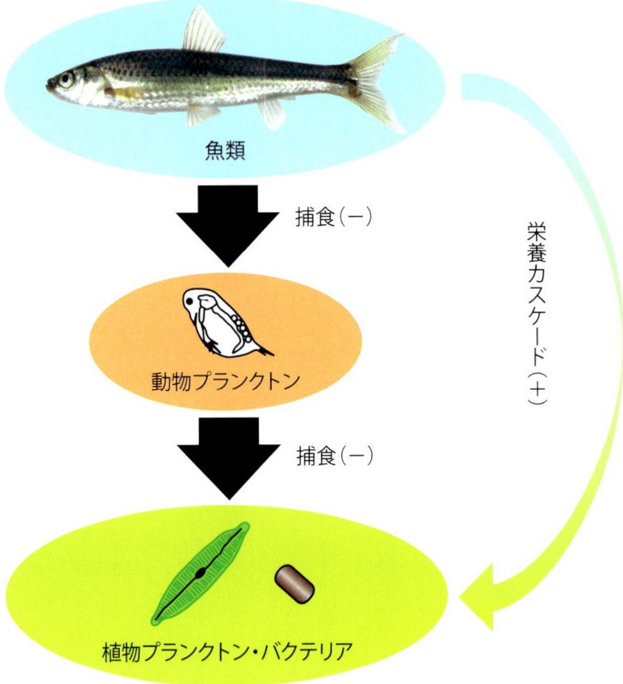

図12. 魚類による栄養カスケード効果
（＋）は個体数を増やす効果、（－）は減らす効果をもたらす。魚類による捕食は動物プランクトンの数を減らすが、間接的に微小プランクトンを増やす効果をもつ。

組成のみならず湖沼環境を一変させる力をもちうるのです。

沖合のホンモロコと沿岸のタモロコの関係は？

さて、もう一度、琵琶湖の固有魚の進化の話に戻りましょう。現在の琵琶湖が誕生する以前の固有魚たちの祖先は、川や浅い池沼で主にベントス（水底の生物）を食べて暮らしていました。しかし、深い湖が誕生したことにより、祖先魚の集団中に沖合のプランクトンを食べるのに有利な性質を獲得した個体が出現しました。これらの個体が沖合環境に進出することによって、ベントス食魚から、プランクトン食魚が種分化したのです。先に紹介したプランクトン食性のホンモロコは、ベントス食性のタモロコから種分化したと考えられています。

ところが、DNAを調べてみると、タモロコとホンモロコの関係はそれほど単純ではないことがわかってきました。さまざまな水系に生息するタモロコと琵琶湖のホンモロコの系統関係を調べてみると、水系のちがうタモロコとホンモロコ間よりも、琵琶湖のタモロコとホンモロコが系統的により

近いという結果が得られました（図13）。図13の左側に示したように、姿かたちのいちばん異なっているものどうしが実はとても近縁だったのです。

さらに興味深いことに、野外での両種の交雑は珍しくないことも判明しました（小北智之氏、未発表データ）。しかも、両種の雑種は卵を産めますし、その卵も正常に孵化することがわかりました。このことから、ホンモロコとタモロコは、同じ種内で別々の種に分かれつつある集団と解釈することもできます。

私たちが分類学的な「種」として括っているまとまりは、生物の実体と一致しないことがあります。冒頭で述べた生物多様性の階層になぞらえるなら、ホンモロコとタモロコは「種内の多様性」と「種間の多様性」のはざまで食性を多様化させつつある集団とみなすことができます。

食性の多様化がもたらすものとは

魚の食性の多様性が生まれると、生態系の性質にどのような変化がもたらされるのでしょう？ 先のキーストーン捕食者を思い出してくださ

い。プランクトン食の魚は生態系の性質を改変する効果をもちますから、元々ベントス食性のタモロコの群れに、プランクトンを食べる新たな食性をもったタイプが出現したら、すなわち食性が多様化したら、生態系に大きな変化が起きると予想されます。

湖沼メソコスム実験

魚の食性が多様化すると、本当に生態系はガラッと変わるのでしょうか？ この問いに答えるには、魚たちの集団内で異なる食性をもつ個体の割合を変化させる、例えば、タモロコとホンモロコの個体数を操作することによって、生態系がどのように変化するのか調べる必要があります。しかし、琵琶湖のように広大な湖で魚の個体数を操作するのは至難の業です。それに、もし変化があらわれたとしても、それが魚の食性を変化させた効果なのか、それとも別の原因があるのかはっきり区別しなくてはなりません。魚の食性の効果を実証するには、他の環境要因をコントロールした精緻な実験的アプローチが必要となります。琵琶湖のようにさまざまな人間活動の影響を

食性と形態　　　　　　　　　　　　　　　　分子系統樹

プランクトン食性が強い　↑

ホンモロコ（琵琶湖産）

タモロコ（関西地方の湖沼型）

タモロコ（東海地方の河川型）

タモロコ（琵琶湖産）

↓ベントス食性が強い

分子系統樹：
- ホンモロコ（琵琶湖産）
- タモロコ（関西地方の湖沼型）
- タモロコ（琵琶湖産）
- タモロコ（東海地方の河川型）

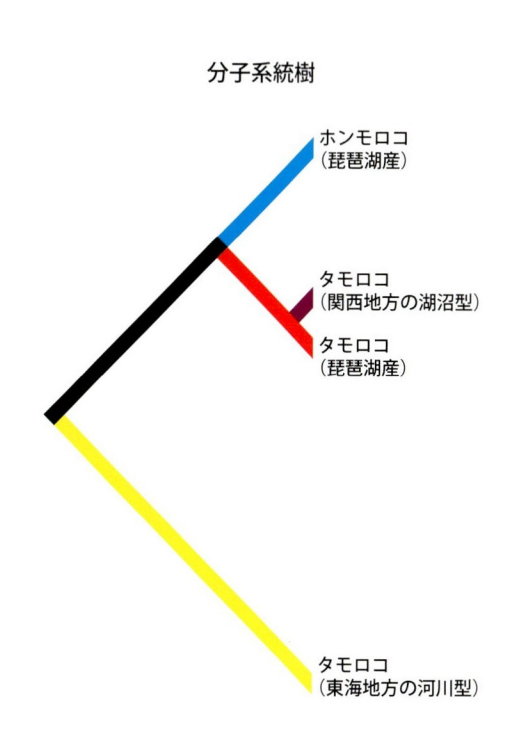

図13. ミトコンドリアという細胞内小器官の遺伝情報をもとに描いた分子系統樹　ミトコンドリアDNAの遺伝情報が変化しやすい部分に着目すると、種内のように近いなかまの系統関係を調べることができる。東海地方の集団（黄色）と関西地方の集団が枝分かれした後、琵琶湖のホンモロコとタモロコが枝分かれしたことがわかる。この系統樹に基づくと、東海地方のタモロコと琵琶湖のタモロコより、琵琶湖のタモロコとホンモロコの方が遺伝的に近縁で、ホンモロコはタモロコ集団の1グループと考えられる。分子系統樹は柿岡諒氏らの未発表データによる（撮影／東海地方のタモロコ：柿岡諒）。

■琵琶湖がつなぐ人の暮らしと生きものたち

図14. 湖沼生態系を人工的に再現した中規模実験生態系、「メソコスム」日長や気温などの物理環境に加えて、栄養塩類（ミネラルなど）濃度や魚類の種類・密度を操作可能。2000ℓのメソコスムタンクが12基設置してある。

受けているところでは、それは不可能といってよいでしょう。

そこで、私たちは大がかりな室内実験を試みました。実験室に大きなタンクをたくさん並べて、その中に琵琶湖の生物を導入し、人工的な湖沼生態系を再現しました（図14）。通常、生物の実験というと、フラスコや水槽の中で行うものというイメージが強いかもしれませんが、魚のように餌資源要求の高い大型生物を含めた生態系を、まったくの無給餌で維持するには、メソ（「中規模」を意味する英語）スケールの空間が必要になります。このような中規模人工生態系を「メソコスム」とよびます。

栄養カスケード効果の確認

実際に、食性の異なる魚をさまざまな組み合わせでタンクに投入してみました（図15）。まず、生態系の変化は魚がいる・いないに大きく左右されました。魚を入れたタンクではそれがホンモロコであろうとタモロコであろうと、微小プランクトンが増加しました。これは、先に述べたように、魚が動物プランクトンを食べてその個体数をおさえると、動物プランクトンのえさとなる微小プランクトンが増えるという「栄養カスケード」の効果で説明できます。ベントス食性のタモロコといえども動物プランクトンをまったく食べないわけではなく、この大きさの実験生態系では、動物プランクトンをたやすく食べつくしてしまうようです。

図15. メソコスム実験の内容
すべてのタンクにプランクトンとベントスを入れておき、4つの実験操作を行う。魚を導入しない（a）、ホンモロコのみを導入（b）、タモロコのみを導入（c）、ホンモロコとタモロコを導入（d）。各操作につき3回の繰り返し実験を行った。

a （魚なし、多様性なし）

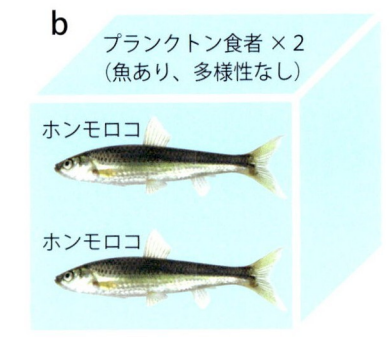

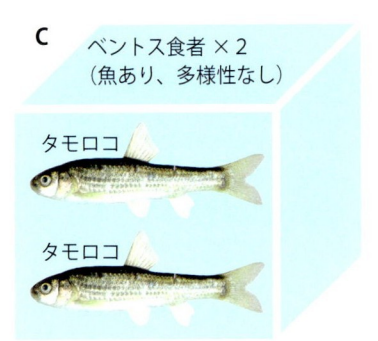

b プランクトン食者×2（魚あり、多様性なし）
ホンモロコ
ホンモロコ

c ベントス食者×2（魚あり、多様性なし）
タモロコ
タモロコ

d プランクトン食者＋ベントス食者（魚あり、多様性あり）
ホンモロコ
タモロコ

生態系代謝

さらに、私たちは琵琶湖の生態系機能に着目してみました。ここではひとつの機能として、「生態系代謝」を取り上げてみました。代謝というのは、皆さんがいつも行っている、酸素を吸って二酸化炭素を吐くという生理反応です。呼吸代謝はすべての生物が行う基本的な生理機能ですが、生態系に存在するすべての生物個体によって行われる酸素呼吸の総和を「生態系代謝」とよびます。これを生態系の活性をあらわすひとつの指標ととらえました。

図16に示した4種類の実験タンク

図16. 各実験操作後に測定した生物量あたりの生態系代謝速度
統計解析の結果、プランクトン食者とベントス食者の両方が導入されたタンクで代謝速度が増加する有意な相乗効果が得られた。（福森香代子氏、未発表データ）

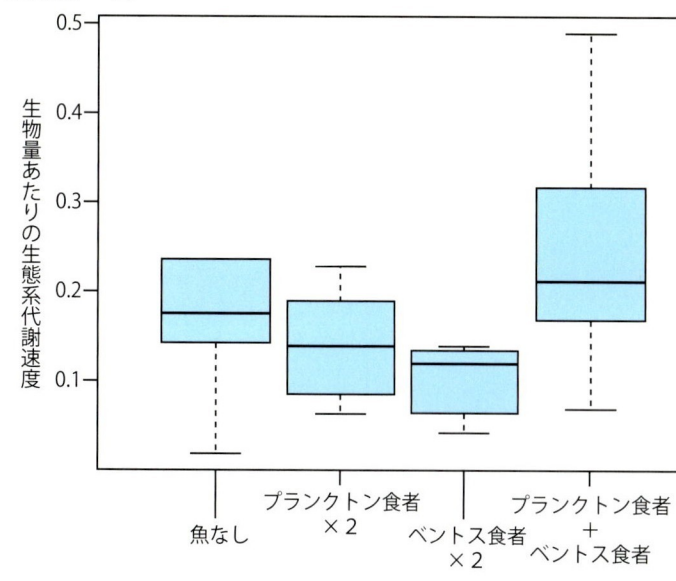

図17. 食う‐食われるの関係と湖沼の物質循環
赤い矢印は捕食による物質の流れ、矢印の太さは物質の流れの大小を表す。

魚の存在によって微小プランクトンの数が増える栄養カスケード効果と、水底の生きものを食べるベントス食魚が排泄物として水中に放出した無機栄養分を微小プランクトンが利用する運搬効果とが、相乗的に生態系の代謝機能を高めたと考えています。

一般に、小さな生きものほど代謝量は小さいのですが、生物量あたりの代謝速度で比べると、逆に小さい生きものほど高い値を示すことが知られています。また、栄養分をたくさん摂取すると私たちの代謝が上がるように、魚を通じて水中に栄養分が供給されると微小プランクトンの代謝が上がるため、その集合体として生態系の代謝が高くなったのかもしれません。

琵琶湖はもともと栄養分に乏しい湖でした。栄養分は多すぎると富栄養化による水質汚濁を招きますが、少なすぎても生物の活性を低下させます。近年は、琵琶湖周辺の水質浄化が進んだため、栄養分は少なくなりつつあります。湖の表層でプランクトンによって生産された有機物はやがて湖底に堆積します。堆積物の一部は湖底のベントスによって取

多様性の相乗効果

この生態学的な理由はまだはっきりしていませんが、プランクトン食

間で生態系代謝を比較したところ、生物量あたりの生態系代謝速度はホンモロコとタモロコの両方が生息するタンク、すなわち、食性の多様性がみられるタンクで増加するという結果が得られました（図16）。

■琵琶湖がつなぐ人の暮らしと生きものたち

漁村の夕暮れ

なぜ、生物多様性は必要なのか？

　琵琶湖という深く長命な湖が誕生したことにより、生きものの生息環境に多様性が生まれました。ひとつの種の中に異なる生息環境を利用するものがあらわれ、次第に異なる種へと分化していきました。新たに誕生した種は生態系の物質循環の歯車の一部としてはたらき、ときには、生態系の代謝活性を高めることにも貢献しました。４００万年という気の遠くなるような長い歳月がつくり出した自然の賜物。私たちは、その一部を利用することによって豊かで文化的な暮らしを営んできたのです。しかし、人間は、たかだか数十年という短い間に、自分たちの都合の良いように自然を改変し、生きものの多様性を消失させてしまいました。崩れた生態系のバランスは、私

たちが無意識に享受してきた自然の恩恵をいつか奪い去ってしまうかもしれません。

　私たちが進むべき道はただひとつ。琵琶湖に暮らす多様な生き物の生態に思いを馳せ、その生息環境を守ること。それが、自然共生社会の未来へとつながるのです。■

込まれ、さらにそれをベントス食魚が食べます。ベントス食魚が排泄物として無機栄養分を水中に放出すると、それはプランクトンに取り込まれます。このようにして、栄養分は食う─食われる関係を通して生態系の中を循環するのです（図17）。

「生態系サービス」真の価値を考える

宇宙の元素の大循環から生まれた太陽と地球。46億年の歴史のなかに出現した生物が地球と呼応することで私たちの生存環境は築かれ，生態系機能が発達しました。生態系機能から人類が享受する「生態系サービス」とはどのようなものなのでしょうか。また，全人類がバランスよくサービスを利用する方法はあるのでしょうか。

生命反応？？

宇宙もののマンガやSF映画には，よく「生命反応」とか「生体反応」という言葉が出てきます。生死の判断に使われたり，漂流する宇宙船に生命体がいるかどうかの検査項目だったり，ある星に生物が存在するかどうかの手がかりだったり，いろいろな意味で使われているようです。未来の宇宙船には，生物の生死や存在を判断できる計測機器が装備されていることになっているのです。ストーリーの展開上まことに便利な設定ですが，「生命反応」が具体的に何を指すのか，説明されていることはまずありません。

生命反応の語が人間の生死の判断の意味で使われる場合は，まだわかりやすいと思います。たとえば人間では，深昏睡・瞳孔の固定・脳幹反射の消失・平坦脳波・自発呼吸の消失を脳死の兆候ととらえ，専門家が総合的に判断して脳死判定を行っていますが，このプロセスを機械に任せられる日は遠くないかもしれません。もっとも，SFの中では「まだ生きている」という台詞の代わりに「生体反応あり」と言って，未来科学的な雰囲気を出そうとしているだけのことですが……。しかし，生物全部にあてはまる「生きていること」の定義は，生物学の専門書をどんなに調べても見当たりません。

生命反応のもうひとつの意味は，実物を見ないで，生物が存在するかどうかを知る判定基準のことのようです。つまり，生物活動の気配のことです。生物の気配を感じ取って，生物が存在するかどうかを判定するようなことが，機械に可能でしょうか。重要なのは，すでに存在することがわかっている生物がいるかどうかではなく，未知の生物がいるかどう

著者紹介

椿 宜高
（京都大学生態学研究センター教授）

九州大学，名古屋大学，国立環境研究所を経て現職。動物生態学が専門で，おもに昆虫の繁殖行動に関心がある。最近は，同じ場所にすむ近縁種の相互作用が生物多様性に及ぼす影響について研究している。

56

■「生態系サービス」真の価値を考える

© JIM BRANDENBURG/
MINDEN PICTURES/
amanaimages

❶

うかの判定です。そんな具体性の乏しいことができる機械はまだ見たことがないし、将来発明されるかどうかもわかりませんが、どうしてもつくろうとすれば、生命活動によってつくられたもの（あるいは排泄物）と非生物的な物体とを区別する定義

が必要です。この場合の定義は、地球人だけに通用する定義ではなく、宇宙人にも通用するものでないと役に立ちません。しかし、生死の判定すら一般化できていない人間に、そんなことが可能とはとても思えません。

© YOSHIKAZU FUJII/SEBUN PHOTO/amanaimages

動物の気配を感じる能力

生物全体というわけにはいきませんが、動物に限定すれば、人間には、生物がつくったものと非生物を識別する能力が、きわめて高度に備わっています。たとえば、潮の引いた干潟を歩いてみましょう。干潟は波によって洗われ、何の変化もない砂粒の平面になってしまいますが、そのなかに生きもののしるしがすぐに現れます。小さな穴が開いていたら、その中にゴカイがいる可能性があります。穴の周りに砂団子があれば、きっとそれはカニの巣穴です。砂の小さな盛り上がりの下にはアサリがいるかもしれません。ほかにもたくさんの生きものが隠れていますが、潮の満ち引きのたびに砂浜は平らになり、姿をあらわにしない動物たちがすぐに活動をはじめます。

陸上でも、動物たちはなかなか姿を見せてくれませんが、その痕跡を見つけることは比較的容易にできます。木の葉が虫食いになっていれば、ガや甲虫の幼虫が近くにいる可能性が高いと考えてよいでしょう。ヤブの中に細い路が見つかれば、それはタヌキの通り路かもしれません。

■「生態系サービス」真の価値を考える

マーブルチョコのような形の糞がバラバラと落ちていたらノウサギ、細長い糞が大石の上にあったらテンのだろうと推測ができます。

川の石につくコケの食み痕を見ると、アユがいるかどうかがわかります。木々の花たちも、花粉を媒介する昆虫が存在することの間接的な根拠となります。赤い木の実は、種子散布をになう小鳥たちの存在を暗示しています。

山歩きに慣れた人は野生動物の気配を読み取る能力に優れていて、これが楽しくて山歩きがやめられない人も多いと思います。多くの動物の気配が読めるようになると、自然の生きものたちのにぎわいと繋がりを感じられるようになるでしょう。このように、人間は動物が示してくれる「生命反応」にきわめて敏感な動物なのです。残念ながら、都会にすむ人々は、この能力を学習する機会が少なくなってしまいましたが……。

生物は環境を変える

目に見える生物活動のしるしの多くは、動物が他の植物や動物を食うことで生まれる環境の変化、あるいは隠れ場をつくるために起きる環境の変化、あるいは動物と植物の間で交わされるシグナルなどです。生物は環境に影響されて生活することは常識として知られていますが、どっこい生物たちも環境を変化させているのです。しかも、その環境変化がさらに他の生物に影響を与え、複雑な生物どうしの関係を網の目のようにつくりあげています。個々の生物の力はわずかかもしれませんが、多くの個体が集まれば、環境への影響は膨大なものになります。

しかし、環境を変えているのは、例にあげたような目に見える部分だけではありません。ほとんどの生物は、エネルギーを得るために酸素呼吸をしていますが、これが可能なのは、地球の大気に20%もの酸素が含まれているからです。大気成分にこれほど大量の酸素を含む太陽系惑星は、地球以外に存在しません（表1）。なぜ、地球だけが酸素に恵まれているのでしょうか。

表1. 金星、火星、地球の大気成分などの比較

大気成分	金星	火星	地球
二酸化炭素	98%	95%	0.03%
窒素	1.9%	2.7%	79%
酸素	0.001%	0.13%	21%
アルゴン	0.1%	2%	1%
表面温度	477℃	-53℃	13℃
気圧	90atm	0.006atm	1atm

59

生物が地球上で繁栄したのは、酸素があったからだと考えがちですが、実は順序が逆で、生物（葉緑体をもつシアノバクテリアと呼ばれる細菌のなかまと、植物）による光合成と、分解されなかった植物体の地下貯蔵によって地球の大気成分に変化が起きたのです。酸素呼吸をする生物は、生存に都合の良い環境を自らつくりあげたことになるのです。

もし地球上から生物がいなくければ、無秩序な化学反応が進み、大気成分は金星や火星のそれとあまり変わりはない状態に変化すると考えられます。火星と地球の大気成分が大きく異なる事実は、イギリスの科学者ラブロックが、ガイア仮説（地球はひとつの生命体であるかのように、生物の活動と物理化学的プロセスの相互作用によって定常状態が保たれているとする説）を発想したヒントのひとつになっています。

豊富な酸素と水に恵まれている地球には、たくさんの生きものが暮らしています。それは、地球の環境がこんなに穏やかだったから、生命が誕生し、多くの種へと進化してきたからではありません。生きものたち

■「生態系サービス」真の価値を考える

⓭

自身が、苛烈だった地球の環境を穏やかなものに変えてきたからなのです。それにあやかって、人類も暮らせているのです。

生態系サービス

国際連合は、2001年6月5日（世界環境デー）から4年間にわたって、ミレニアム・エコシステム・アセスメント（MA、地球生態系診断、ミレニアム生態系評価などと訳される）を実施しました。その目的は、最近の人間活動による生態系の変化が、人類の福祉に及ぼしている影響を評価し、生態系の保全と持続可能な利用を促進して、人類の福利に対する生態系の貢献を高めるために必要な科学的基礎を確立することでした。その報告書の翻訳も出版されています。そのなかで最も重要なキーワードが「生態系サービス」でした（図1）。

生態系サービスとは

生物は環境を変えたり、環境の影響を受けながら生きています。植物は光と空気中の二酸化炭素から有機物をつくり、土壌から水分や栄養分を吸い上げ、水分を蒸発させ、枯れ

図1. ミレニアム生態系評価において分類された生態系サービスと人間福祉の構成要素（MA2005より）

生態系サービスの構成要素

- 供給
  - 食糧　淡水
  - 木材・繊維　燃料
- 支持
  - 栄養塩循環
  - 土壌形成
  - 第一次生産
- 調節
  - 気候調節　洪水制御
  - 病気制御　水質浄化
- 文化
  - 美　精神
  - 教育　保養

人間福祉の構成要素

- 安全
- 生活物資
- 健康
- 社会的連携
- 選択と行動の自由

61

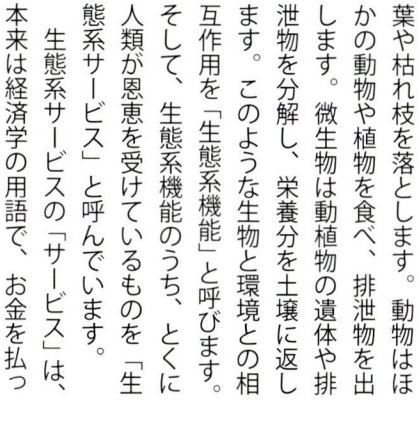

葉や枯れ枝を落とします。動物はほかの動物や植物を食べ、排泄物を出します。微生物は動植物の遺体や排泄物を分解し、栄養分を土壌に返します。このような生物と環境との相互作用を「生態系機能」と呼びます。そして、生態系機能のうち、とくに人類が恩恵を受けているものを「生態系サービス」と呼んでいます。

生態系サービスの「サービス」は、本来は経済学の用語で、お金を払って得ることができるもののうち、実体がないものを「サービス」と呼びます。サービス業という語はよく聞きます。

「生態系サービス」真の価値を考える

くので、そのニュアンスはわかるでしょう。しかし、ミレニアム・エコシステム・アセスメントでは、食糧や建築資材など、実体があるものも含めて生態系サービスと呼んでいます。そのため、国内では「生態系サービス」を避けて「自然の恵み」と言い換えることがよくあるようです。この2つの語は同じ意味のように聞こえますが、実は基本的な違いがあります。

生態系サービス≠自然の恵み

生態系サービスを経済学用語として理解すると、その価値をどのように評価し、どのように分配するかが関心の的となります。たとえば、森林は木を伐採して材木を売ればお金になりますが、伐採してしまうと洪水が起きてさまざまな被害が発生するかもしれません。20世紀前半までは材木の価値だけが評価されていて、洪水による損失は勘定しないという経済評価でしたが、洪水を防ぐという森林機能にも経済価値があると考えるのが、生態系サービスの発想です。商品にならない生態系機能を、人間にとっての経済価値を尺度に理解しようとするのです。

「自然の恵み」は日本語独特のあいまいな言葉ですが、自然を経済評価しようとする意図はまったく感じられません。自然への感謝の意味合いだけで、これ以上どこまで略奪できるかを考えるような意図はないようです。生態学の立場からはこの日本語のほうが好ましいと思うのですが、あいにく、人間中心でない「自然の恵み」にあたる英単語が見つからないので、外国人はその意味をうまく説明できません。無理に英語に訳そうとすると、文

化のちがいがあらわになってきます。「英辞郎web版」というオンライン辞書で「自然の恵み」を検索してみたら、blessing of nature が見つかりました。似たような意味ではありますが、うるさいことを言うと「神によって与えられた自然の富」といったニュアンスで、「自然の富」は、信仰するものには与えられるが、信仰しないものには与えられないという意味が背景にありそうです。しかも聖書の「創世記」には、「ノアの方舟の子孫たちは永遠の生物資源を約束された」という意味のことが書いてありますので、「生物資源は無限に存在する」というニュアンスも含まれていると思います。やはり西洋文化圏では、自然から得られる富は人間のものと考えてしまうようです。ですから、地球上の生物資源の利用のあり方を、文化的に異なる国の間で話し合おうとするには、多少問題はあっても、「生態系サービス」という経済用語が、現時点では適切なキーワードなのかもしれません。

どう配分するか

生態系サービスが人間の生存に必須であることは、誰にでも理解できます。問題は、生態系サービスが無限に得られるわけではないことです。19世紀以前の人間も、資源（当時は生態系サービスの概念はありませんでした）が有限であることに気づかなかったはずはないのですが、資源は無限であるかのような経済理論を振り回してきました。当時の欧米諸国にとっては、国内の資源が枯渇しても未開の土地をいくらでも開拓できると思えたので、有限性を考える必要はなかったのです。しかし、バックミンスター・フラーが1969年に著した『宇宙船地球号 操縦マニュアル』などを通して、生態系サービスが無限に得られるわけではないという理解が広まっていきます。

限りある生態系サービスを、さまざまな価値観をもつ世界中の人々の間でどう分け合って利用するのがよいのでしょうか。少なくとも3種類

■「生態系サービス」真の価値を考える

の価値観を統合する試みが必要だと思われます。ここでいう3種類の価値観とは、経済的な正義、社会的な正義、それに生態学的な正義です。経済的な正義は「効率主義」、社会的な正義は「公平主義」、生態学的な正義は「持続主義」と言い換えることもできます。目標とする正義がひとつしかないのなら、3つもあると、解決法は見えやすいのですが、3つもあると、問題はややこしくなります。

3匹の子豚 パート2

異なる意見をひとつにまとめる解決法として、多数決がよく使われますが、多数決は必ずしも価値観をまとめる優れた方法ではありません。投票のパラドックス（コンドルセのパラドックスともいう）として知られている古典的な論理学の問題があります。例として、「3匹の子豚」のパート2を考えてみましょう。「3匹の子豚」のもともとのストーリーでは、子豚の3兄弟はそれぞれ1軒の家をつくります。しかし、パート2では3匹が一緒に暮らす家をつくります。

投票のパラドックス

倹約家の長男、ビジネスに忙しい次男、ガーデニングが趣味の長女が、どんな家を買うかを相談します。それぞれの意見はこうです。

① 長男 もう少し資金を貯めて、交通便利で庭付きの家を買いたい。
② 次男 すぐにでも駅近くのマンションを買いたい。
③ 長女 土地の安い郊外に庭付きの家を買いたい。

全員が満足できる家を、今すぐ買うには資金不足です。この状態では、話し合っていても結論はでませんし、単純に投票しても決まりません。

そこで、長男は希望の順序を他の2人に聞いてみました。長男の希望はもちろん①ですが、そうでない場合の希望は②→③の順になります。次に長男は、②と③のどちらか先に投票で決め、勝ち残ったほうと①（すぐ買うか、庭付きか）を決選投票で決めようと提案します。

最初の投票で、長男と長女は各々の第1希望、長男は第2希望に投票することになり、③が敗れます。

24

㉕

© Cyril Ruoso/ JH Editorial/Minden Pictures/amanaimages

生態系サービスへの価値観

生態系サービスの利用に関する議論

決選投票では、第1希望が消えた長女は第2希望に投票しますから、②が敗れます。最終的に長男の思惑通りの①になるのです。この計略は、議長が全員の希望の順序を把握したうえで投票の順序を操作すればうまくいきます（ただし希望順序の組み合わせ次第ではうまくいきません）。つまり、議長次第で結論が変わりうるのです。これでは、一見民主的に見える投票にだまされたと思う人もでてくるはずです。

歩み寄りできるか

このような問題の場合、話し合いで決めるべきなのは、どの意見を残すかではなくて、どのような意見の変更ができるかを検討することです。たとえば、資金をもう少し増やすことにするがそれまでの期間を皆で相談する、一軒家でなくマンションでもよいが、バルコニーでガーデニングができる物件にするなど、いくつかの変更は可能なはずです。誰もが同じように満足するには、このような解決法が必要なのです。

表2．生態系サービスに対する3種類の価値基準の比較（Constanza & Folke, 1997 より改訂）

価値判断の基準	価値の所在	要求される民主的議論	要求される科学的理解	特徴
経済効率	現在の個人	低	低	自由な「支払いの意志」
社会的公平	人間社会	高	中	「無知のヴェール」による公平な消費行動
生態系持続性	地球システム	中	高	危険を予測する「理論モデル」

「生態系サービス」真の価値を考える

論も、同じような構造をしています。海洋の生態系サービスに値段をつけて有名になったロバート・コンスタンザがつくった、効率主義、公平主義、持続主義を対比させる面白い表があります（表2）。効率主義は経済重視で、個人の商品選択が社会を動かすと考えます。社会的合意や科学的知識はさほど必要ありません。公平主義は共同体重視で、共同体全体の意思を尊重するため、社会的合意を形成する議論が重要となります。持続主義は、最も近年にあらわれてきた価値観で、自然環境重視で、地球生態系の持続性を重視します。そして最も科学的な知識を必要とします。

2010年10月18〜29日に名古屋で開催された生物多様性条約第10回締約国会議（COP10）の最重要議題は「ポスト2010年目標」と「ABS：生物多様性に関する世界目標」に向けて、これから重要な役割を担うことになります。しかし、多くの生態学研究者の価値観は持続主義に偏っています。科学的に考えると当然のことに思えるかもしれませんが、愛知目標が採択されたことを、持続主義の勝利と誤解してはなりません。歴史的にみれば、効率主義だけの価値観に、ようやく公平主義が追いついてきたというところでしょうか。持続主義は、さらに遅れて誕生してきましたから、まだまだ普遍的とは言えない段階だと思います。

これらの価値観は国や文化によって違いが生じるというよりは、個人の価値観のバランスの問題です。各人が、自分のなかに、3つの価値観を混在させているのです。環境問題に関心の深いあなたでさえも、効率主義の呪縛から抜け出せていないのではありませんか？ほとんどの人がそのバランスを意識するようになり、社会全体として重点の置き方に変化が生じることが、生物多様性の将来にとって重要だと思われます。■

内法や規制の整備が進められるのもこれからになります。

日本生態学会は、愛知目標の実行に向けて、これから重要な役割を担うことになります。しかし、多くの生態学研究者の価値観は持続主義に偏っています。科学的に考えると当然のことに思えるかもしれませんが、愛知目標が採択されたことを、持続主義の勝利と誤解してはなりません。

生物多様性へのアクセス、及びその利用による利益の配分」でした。そのなかでは激しいやりとりと対立がありましたが、生態系サービスの重要な部分である生物遺伝資源の利益配分が国連の議題と遺伝資源の利益配分が国家間で複雑にぶつかり合うからなのです。COP10は「愛知目標」と「ABS名古屋議定書」が採択されて閉幕しました。愛知目標については具体的な目標は設定できましたが、それを実行するのはこれからです。ABS名古屋議定書を受けて、各国国内法や規制の整備が進められるのもこれからになります。

■ 生きものと、その痕跡の写真一覧

① ハタオリドリの巣
② 干潟にすむ甲殻類のなかま、ハサミシャコエビの建設途中の巣穴（撮影／古賀恒憲）
③ ミナミコメツキガニの群れがえさをとったあと（撮影／古賀恒憲）
④ ツバキの花弁にメジロの爪痕（撮影／田中肇）
⑤ 干潟にすむゴカイのなかま、スゴカイイソメの棲管（せいかん）（撮影／古賀恒憲）
⑥ ウミウのコロニー（撮影／叶内拓哉）
⑦ アユの食み痕
⑧ シロアリのマウンド
⑨ オトシブミの揺籃
⑩ シシウドに訪花昆虫
⑪ アシナガバチの巣
⑫ イスノキの虫こぶ
⑬ カサガタアシナガグモの巣
⑭ キアゲハの糞
⑮ アサギマダラ幼虫の虫食いの葉
⑯ オオムラサキ幼虫の虫食いの葉
⑰ ススキにつくられたカヤネズミの球状果（秋季）。巣の完成直後は緑色だが次第に枯れて褐色になる（撮影／安田守）
⑱ リスの食痕
⑲ イノシシのヌタ場（撮影／佐藤浩一）
⑳ もぐらのトンネル
㉑ クマの皮はぎ（撮影／大西直樹）
㉒ アナグマの巣穴
㉓ ビーバーのダム
㉔ クマ棚
㉕ オオニワシドリの巣
㉖ シカの糞
㉗ テンの糞

■ 参考になる本　この本の内容に関連する、執筆者の○推薦・参考図書、●著書を紹介します

「「変身」するオタマジャクシ」に関連する本

- ●『種間関係の生物学 ―寄生・共生・捕食の新しい姿』種生物学会 編　文一総合出版（2012 年 4 月刊行予定）
- ●『進化生物学からせまる（シリーズ群集生態学 2）』大串隆之、近藤倫生、吉田丈人 編　京都大学出版会（2009 年）
- ○『天敵なんてこわくない ―虫たちの生き残り戦略』西田隆義 著　八坂書房（2008 年）

「花暦の微妙が織りなす生きものの世界」に関連する本

- ○『ヤナギランの花咲く野辺で ―昆虫学者のフィールドノート（自然誌選書）』ベルンド・ハインリッチ 著／渡辺政隆 訳　どうぶつ社（1985 年）
- ●『大雪山のお花畑の語ること ―高山植物と雪渓の生態学（生態学ライブラリー 10）』工藤岳 著　京都大学学術出版会（2000 年）
- ●『生態系と群集をむすぶ（シリーズ群集生態学 4）』大串隆之 著編／近藤倫生 編／仲岡雅裕 編　京都大学学術出版会（2008 年）

「植物と昆虫の共生の歴史を解き明かす」に関連する本

- ●『共進化の生態学 ―生物間相互作用が織りなす多様性』種生物学会 編　文一総合出版（2008 年）
- ●『絵かき虫の生物学（環境 ECO 選書）』広渡俊哉 編　北隆館（2010 年）
- ○『花と昆虫がつくる自然（エコロジーガイド）』田中肇　保育社（1997 年）

「琵琶湖がつなぐ人の暮らしと生きものたち」に関連する本

- ○『びわ湖を語る 50 章 ―知ってますかこの湖を』琵琶湖百科編集委員会 編　サンライズ出版（2001 年）
- ○『内湖からのメッセージ』西野麻知子、浜端悦治 編　サンライズ出版（2006 年）
- ○『生命の湖 琵琶湖をさぐる』滋賀県立琵琶湖博物館 編　文一総合出版（2011 年）
- ○『琵琶湖の自然史 ―琵琶湖とその生物のおいたち（自然史双書）』琵琶湖自然史研究会 編　八坂書房（1994 年）

「「生態系サービス」真の価値を考える」に関連する本

- ○『地球生命圏 ガイアの科学』ジム・ラヴロック 著／星川淳 訳　工作舎（1984 年）
- ○『生態系サービスと人類の将来 ―国連ミレニアムエコシステム評価』Millennium Ecosystem Assessment 編／横浜国立大学 21 世紀 COE 翻訳委員会 訳　オーム社（2007 年）
- ○『宇宙船地球号操縦マニュアル』バックミンスター・フラー 著／東野芳明 訳　西北社（1988 年、新想定版）
  ※本書はちくま学芸文庫（筑摩書房）より 2000 年に刊行されているものが入手可能。

　なお、環境省のホームページでは生物多様性条約第 10 回締約国会議の結果についての報道発表資料（2011）を見ることができます。アドレスは次の通りです。　http://www.env.go.jp/press/press.php?serial=13104

■ 引用文献

「変身」するオタマジャクシ

- 図 3：Kishida, O., Y. Mizuta & K. Nishimura. 2006. Reciprocal phenotypic plasticity in a predator-prey interaction between larval amphibians. *Ecology* 87: 1599-1604.
- 図 6：Kishida, O., G. C. Trussell., K, Nishimura & T. Ohgushi. 2009. Inducible defenses in prey intensify predator cannibalism. *Ecology* 90: 3150-3158.

植物と昆虫の共生の歴史を解き明かす

- 年表：大阪市立自然史博物館（2002）「第 31 回特別展 化石からたどる植物の進化」大阪自然史博物館.

コラム「進化」と「変身」

- 図：Kishida, O., G. C. Trussell & K, Nishimura. 2007. Geographic variation in a predator-induced defense and its genetic basis. *Ecology* 88: 1948-1954.

「生態系サービス」真の価値を考える

- 図 1：Millennium Ecosystem Assessment. 2005. IN: Millennium Ecosystem Assessment, 2005: Ecosystems and human well-being: Synthesis. Island Press. こちらの資料は次のアドレスよりダウンロードで入手可能。http://www.mawebe.org/en/Reports.aspx
- 表 2：Constanza, R. & C. Folke. 1997. Valuing Ecosystem Services with Efficiency, Fairness, and Sustainability as Goals. IN: Daily G.C. Nature's Services: Societal Dependence On Natural Ecosystems. Island Press.

■ 表紙写真一覧

❶ サンショウウオ幼生の変身　撮影／岸田治
❷ ウラジロカンコノキの雌花に受粉するハナホソガ　撮影／川北篤
❸ ウラジロカンコノキの雄花で花粉を集めるハナホソガ　撮影／川北篤
❹ 夏毛のオコジョ
❺ 冬毛のオコジョ
❻ 被子植物の花は，繁殖を担う雄蕊と雌蕊のまわりに花被が配列した構造になっている　撮影／川北篤
❼ 野生のサンショウウオ幼生とオタマジャクシ　撮影／岸田治
❽ ホンモロコ　撮影／金尾滋史
❾ ムシトリナデシコとアオスジアゲハ　撮影／田中肇
❿ 低地林の春植物群落（札幌、野幌森林公園　4月下旬）　撮影／工藤岳
⓫ 漁村の夕暮れ　撮影／奥田昇
⓬ マダガスカル北部マロジェジ山の標高2000m付近に発達した雲霧林　撮影／川北篤
⓭ フレンチギアナの熱帯雨林でライトトラップに飛来した多種多様なガ類　撮影／川北篤
⓮ 高山雪原群落のコエゾツガザクラ（大雪山　7月下旬）　撮影／工藤岳

■ 日本生態学会とは？

　日本生態学会は、1953年に創設されました。生態学を専門とする研究者や学生、さらに生態学に関心のある一般市民から構成される、会員数4000人余りを誇る、環境科学の分野では日本有数の学術団体です。

　生態学は、たいへん広い分野をカバーしているので、会員の興味もさまざまです。生物の大発生や絶滅はなぜ起こるのか、多種多様な生物はどのようにして進化してきたのか、生態系の中で物質はどのように循環しているのか、希少生物の保全や外来種の管理を効果的に行うにはどのような方法があるのか、といった多様な問題に取り組んでいます。また、対象とする生物や生態系もさまざまで、植物、動物、微生物、森林、農地、湖沼、海洋などあらゆる分野に及んでいます。会員の多くが、自然や生きものが好きだ、地球上の生物多様性や環境を保全したい、という思いを共有しています。

　毎年1回開催される年次大会は学会の最大のイベントで、2000人ほどが参加し、数多くのシンポジウムや集会、一般講演を聴くことができます。また、高校生を対象としたポスター発表会も行っており、次代を担う生態学者の育成に努めています。学術雑誌の出版も学会の重要な活動で、専門性の高い英文誌「Ecological Research」をはじめ、解説記事が豊富な和文誌「日本生態学会誌」、保全を専門に扱った和文誌「保全生態学研究」の3つが柱です。英文はちょっと苦手という方も、和文誌が2種類用意されているので、新しい知見を吸収できると思います。さらに、行政事業に対する要望書の提出や、一般向けの各種講演会、『生態学入門』などの書籍の発行など、社会に対してもさまざまな情報を発信しています。

　日本生態学会には、いつでも誰でも入会できます。入会を希望される場合は、以下のサイトをご覧下さい。「入会案内」のページに、会費、申込み方法などが掲載されています。
http://www.esj.ne.jp/esj/

エコロジー講座 5
生物のつながりを見つめよう
ーー地球の豊かさを考える生態学ーー
日本生態学会 編　　陀安一郎 責任編集

2012 年 4 月 20 日　初版第一刷発行

デザイン　ニシ工芸

発行人　斉藤 博
発行所　株式会社文一総合出版
〒 162-0812　東京都新宿区西五軒町 2-5　川上ビル
TEL: 03-3235-7341
FAX: 03-2369-1401
郵便振替　00120-5-42149
印刷所　奥村印刷株式会社

2012 ⓒThe Ecological Society of Japan
ISBN978-4-8299-7300-4
Printed in Japan

乱丁・落丁本はお取り替えいたします。
本書の一部または全部の無断転載を禁じます。

市民のための生態学入門

日本生態学会編『エコロジー講座』シリーズ

「エコロジー講座」は、日本生態学会の学会大会の際に開催される公開講演会の内容をまとめたものです。
公開講演会では、日本を代表する生態学研究者が、生態学の最新の成果をわかりやすく紹介します。
講演者に直接質問ができるのも、この講演会の魅力の一つです。
公開講演会の日程や内容は、日本生態学会のホームページに掲載されます。
事前の申し込みが必要な場合もありますので、ご注意ください。
「エコロジー講座」シリーズは、これまでに次の4冊が刊行されています。

生態学の目で見ると、森は不思議がいっぱいの世界！木はどうして高く伸びるのでしょう？でも、際限なく高くはならないのはどうしてなのでしょう？樹木の生活をめぐる基本的なことのなかにも、まだわかっていないことはたくさんあります。しかも、森にはとてもたくさんの生きものがすんで、複雑な関係を織り上げています。不思議に満ちた森について、最近になってわかってきた新しい成果を紹介します。

エコロジー講座①
森の不思議を解き明かす

矢原徹一 責任編集
B5判 88ページ
定価1,890円（税込）

生きもののさまざまな「つながり」を知ることは、生態学の大きなテーマの一つです。そして、そうした生きものの性質をさぐるうえで、その「数」を知ることは大きな手がかりになります。生きものはどうやって、どのように、増えたり減ったりしているのでしょう？食卓に上る野生動物・魚の数の変化から素数ゼミのなぞまで、「数」をテーマに生きものを見るおもしろさを紹介します。

エコロジー講座②
生きものの数の不思議を解き明かす

島田卓哉・齊藤隆 責任編集
B5判 72ページ
定価1,890円（税込）

生物多様性を守ることは、わたしたちの生活を豊かにすることにつながっています。水や空気をはじめ、私たちが生活する上で欠かせない「地球環境」は、生物多様性の上に成り立っているからです。その生物多様性が危機に瀕する今、私たちはどんなことができるのでしょう？ いまどのような問題が発生しているのかを整理し、誰でもすぐにできる生物多様性を守るための行動を提案します。

エコロジー講座③
なぜ地球の生きものを守るのか

宮下直・矢原徹一 責任編集
B5判 80ページ
定価1,680円（税込）

人間の活動は地球環境に影響を与えます。これらの影響が生態系にどのような影響を及ぼしているのかを紐解くためには、地球規模で、長いスケールで、生態系を見続ける必要があります。様々な分野の専門家が協力して観測のしくみがつくられ、その成果が今、明らかにされてきました。どんなことがわかってきたのか、どのように生かしていくのかを解説します。

エコロジー講座④
地球環境問題に挑む生態学

中岡雅裕 責任編集
B5判 80ページ
定価1,680円（税込）

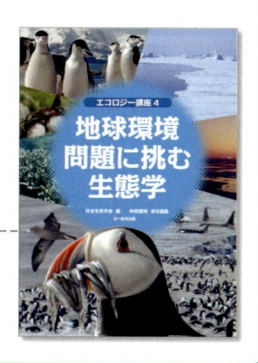

※定価は2012年3月現在のものです。